初学者にやさしい
統　計　学

大橋　常道
谷口　哲也　共著
山下登茂紀

コロナ社

まえがき

　現在は，パソコンの普及により良質な統計処理ソフトが簡単に手に入り，誰もがこれを使うことができます．データを入力するだけでコンピュータは瞬時にいろいろな数値・結果を示してくれます．しかしながら，基本となる統計的考え方や統計的方法の意味がわからないと，結果として表示された数値・結論などを正しく読み取ることはできません．誤った解釈は混乱と間違いを引き起こす因になります．このような観点から，初めて統計学を学ぶ学生諸君には統計的なものの考え方・統計的手法の意味をしっかりと身に付けて欲しいと思います．多少不便はあっても電卓でこつこつ計算を行い，数量からの感触を得ながら統計的な考え方や手法を学ぶことが重要です．

　本書は，初めて統計学を学ぶ新入生のための教科書として書かれています．当大学の1年生に対する長年の教育経験から，1年間でこなせると思う内容を厳選しました（しかし，統計学全般から見るとほんの一部です）．大学での1年間の授業は28回から30回くらいですが，3.4節や6.5節などは省略してもよいので，この回数で7章の適合度の検定までは学んで欲しいと思います．8章は医療現場などでよく使われる統計的手法なので，学生諸君は必要に応じて独学して下さい．また，実際に世の中（社会）で使われる統計的方法はその分野ごとに非常に沢山ありますが，本書で学ぶような統計の基礎ができていれば，それらを理解し応用することは難しいことではありません．このような意味で，本書は"統計的考え方の基礎"を身に付けるための教科書であると考えて下さい．

　上級年次または社会人になってからさらに統計学を勉強する諸君も出てくることと思いますが，他の本や統計資料・研究論文などが無理なく読めるように，本書で統計学の基礎を固めてくれることを願っています．

2010年2月

大橋　常道

目　次

1. データの整理

1.1 統計的方法とはなにか ………………………………………… 1
1.2 度数分布表・ヒストグラム …………………………………… 6
1.3 平均と標準偏差 ………………………………………………… 16
1.4 相関と回帰 ……………………………………………………… 24

2. 確率と確率分布

2.1 事象と確率 ……………………………………………………… 37
2.2 確率変数と確率分布 …………………………………………… 53

3. 二項分布と正規分布

3.1 二項分布 ………………………………………………………… 66
3.2 正規分布 ………………………………………………………… 70
3.3 二項分布の正規近似 …………………………………………… 75
3.4 ポアソン分布 …………………………………………………… 80

4. 標本分布

4.1 不偏推定量 ……………………………………………………… 86
4.2 標本平均 $\overline{X}$ の分布 ……………………………………………… 93

5. 推定

5.1 母平均 μ の推定 ………………………………………………… 99
5.2 二項母集団の割合 p の推定 …………………………………… 107

6. 検　　　定

6.1　仮説検定とは ……………………………………………… *110*
6.2　母平均 μ の検定 …………………………………………… *114*
6.3　二項母集団の割合 p の検定 ………………………………… *118*
6.4　2つの母平均の差の検定 …………………………………… *121*
6.5　2つの割合の差の検定 ……………………………………… *128*

7. カイ2乗検定

7.1　適合度の検定 ……………………………………………… *132*
7.2　分割表による独立性の検定 ………………………………… *138*
7.3　等分散の検定 ……………………………………………… *143*

8. 分布型によらない検定

8.1　中央値の検定 ……………………………………………… *149*
8.2　ウィルコクソンの順位和検定 ……………………………… *151*
8.3　ウィルコクソンの符号つき順位和検定 …………………… *155*

付　　　　録 ………………………………………………………… *159*
引用・参考文献 ……………………………………………………… *172*
問　の　答 …………………………………………………………… *173*
問　題　の　答 ……………………………………………………… *176*
索　　　　引 ………………………………………………………… *184*

1 データの整理

1.1 統計的方法とはなにか

いまここに，1つの大きな集団（人の集団でも物の集団でもよい）があったとする．集団をつくる個体数は多いと考えてよいので，各個体のある特性を調べるにしても全部の個体を調べることは困難である．このようなとき，この集団からいくつかの**データ**（個体を特徴づける数値や性質など．観測値ともいう）をとり，それらを分析・考察することにより，集団全体の特徴や規則性について何らかの結論を出すことは可能だろうか？

人間は長い歴史の中で，このような社会現象の中の集団を扱う方法を確立してきたので当然答を出すことは可能である．ここで，近代統計学の基礎を築いたとされている3人の統計学者の成し遂げた仕事などを以下に記す．

ケトレー（Lambert-A Quetelet, 1796〜1874, ベルギー）：近代統計学の祖．社会現象に自然科学の計量的方法および確率論を適用し，統計の基礎を社会現象の合法則性に求めた．統計学を学問として誕生させ，現代統計学への重要な第一歩を踏み出した．

ピアソン（K.Pearson, 1857〜1936, イギリス）：大量データをまとめる統計的記述の面を精密化し，統計学を数理的傾向の強いものにした．ピアソンの統計学はいまでは"記述統計学"と呼ばれていて，現在用いられている種々の統計的概念を確立した．

フィッシャー（Ronald.A.Fisher, 1890〜1962, イギリス）：最尤推定量の

概念を導入した．実験計画法および分散分析法を開発し，統計学の適用範囲を実験科学の分野にも広げた．母集団と標本の区別を明確にし，現在の推測統計学の方法を確立した．

統計学とは，集団の現象を数量的に観察することにより，その集団がもつ性質や規則性を見つけ出すための方法論を研究する学問であるといえる．

データとは，人間の集団ならば，身長，体重，血圧などを表す数値データおよび血液型（O, A, B, AB）や個人の性格・特徴（温厚，我慢強い，怒りっぽいなど）などを表す質的データの両方を含む．身長，体重，血圧などは一般に**変数**（variable）と呼ばれ，X, Y, Z など大文字で表す．

現代の複雑で変化の激しい社会活動の中で見られる一見不規則で予測できないような現象でも，いくつかの変数の集団的データおよび定期的な観察を整理・分析することにより，ある規則性や特性が見出されることがある．このことにより，われわれは集団に対してある種の結論を下すことが可能になるのである．

データの源泉としての集団を**母集団**（population）と呼び，母集団を構成する1つ1つを**個体**と呼ぶ．母集団からいくつかの個体を選びデータをとることを標本抽出という．得られたデータは1つの変数の実現値と考える．また，データの個数を標本の**大きさ**（size）という．集められたデータは母集団をある程度正確に反映していなければならないので，標本抽出は偏りのない方法，すなわち無作為（ランダム）でなければならない．

定義 1.1 （無作為抽出（random sampling）） 母集団から n 個の個体を抽出するとき，どんな個体も選ばれる機会（確率）が均等であるような選び方を無作為抽出という．

〔反 例〕
- 市長選挙の予測のため，ある政治集会に出かけ行き当たりばったりに1000人を選びアンケートをとった際，約90%の者が特定の政党支持者であった．

　これは無作為抽出とはいえない．なぜならば，政治集会なので特定の政

党を支持する者の割合が多くなっている可能性は最初から予想されるからである．無作為抽出のためには，政治集会でない集会，駅頭，市役所や病院などに出かけ，年齢層や男女比にも偏りがないように注意して選ばなければならない．

- 日本人の二十歳の男性の平均身長を予測するために5万人のデータが必要になり，大都市の駅頭でデータを収集した．

  これも無作為抽出とはいえない．大都市周辺の男性と田舎の男性とでは環境が異なり，身長に差が生じているかもしれない．また，駅頭でデータをとるというのでは，外出しない人や病気の人を選ぶことはできない．よりよい方法は，全国を二十歳の人口に応じて100等分し，1つの地域から500人を無作為抽出することである．その際，地方自治体の二十歳の男性の名簿を利用することも考えられる． ♡

上の反例で見るように，無作為抽出は一般に非常に難しい作業であるので，実際にデータをとる際は注意を要する．もし，集団が番号づけされていれば，コンピュータで発生させた乱数を利用してサンプリングすることができる．テレビ会社などでは意見を聞くための番号づけされた視聴者の集団をもっているので，視聴率調査などのための無作為抽出は簡単にできるようである．

例 1.1 (**乱数表**を利用した無作為抽出)　学生数が1000人のある大学の学生自治会は，大学祭の企画について30名の学生から意見を聞きたいと考えている．学生は0番から999番まで番号づけされているので，乱数表を利用して30人を選びたい．ここでは巻末の乱数表を用いて30個の数字を選ぶ．選ぶ際は表のどこから始めてもかまわないのであるが，いま1行目の最初の数から右へ3桁ずつ数字をとっていくと（すでに選んだ数と同じものが出た場合はそれを除いてつぎの数を選ぶ），

　　　318　76　884　667　284　　963　870　214　927　　6
　　　872　550　789　887　364　　835　957　359　999　704

127 886 420 325 807   132 626 881 315 670

となる．すなわち，これらの番号の学生を選び意見を聞けばよい．　　　♡

さて，母集団から無作為抽出されたデータから，平均や標準偏差を求めたり，度数分布表やグラフを作ったりして，データ全体の特徴が見てすぐわかるようにまとめること（**記述統計学**）が最初の仕事である．つぎに，問題にしている変数の分布やわかっている性質（理論）などとすでに計算された統計量を利用して，最終的には母集団に対してなんらかの結論を出す（**推測統計学**）ことである．すなわち，統計学では得られたデータから確率分布や確率を用いて，最大限期待されると考えられる答えを出すのである．このような**統計的方法**(図 **1.1**)は，数学や物理でやるような"真実を求める"という決定論的方法とは異なる．推測統計学においては，データの源泉としての変数は一般に確率変数とみなす．

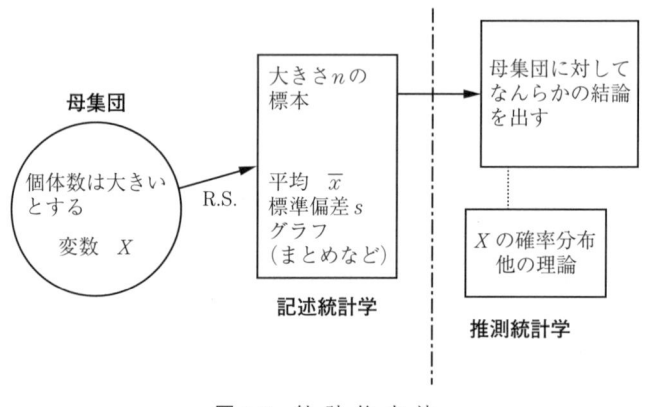

図 **1.1**　統 計 的 方 法

定義 1.2　(**確率変数**（random variable）)　X が確率変数とは，それのとる値が偶然性に依存していると同時に，それらの値をとる確率が定められていることである．

注意：確率変数の一般的な定義は 2 章で再び与えるが，ここではサンプリングあるいは 1 つの実験のたびごとに異なる値を取り得る変数と理解してかまわない．

例 **1.2**

(1) サイコロを1回投げる実験で出る目の数を X としたとき，X は確率変数であり，取り得る値は $1, 2, \cdots, 6$ である．また周知のごとく，X がこれらの1つの値をとる確率は $\dfrac{1}{6}$ なので，つぎのように表現する：
$$P(X = i) = \frac{1}{6} \quad (i = 1, 2, \cdots, 6).$$

(2) ある大学の男子学生の集団で，Y を体重としたとき，Y は確率変数である．なぜならば，データを選ぶたびに値は異なり，予測できるものではないからである．取り得る値は，ある区間の任意の値である．変数 Y の確率分布がどのようになるかをここで説明することは難しい問題であるが，2章で言及する． ♡

確率変数は図 **1.2** の樹形図のように分類される．

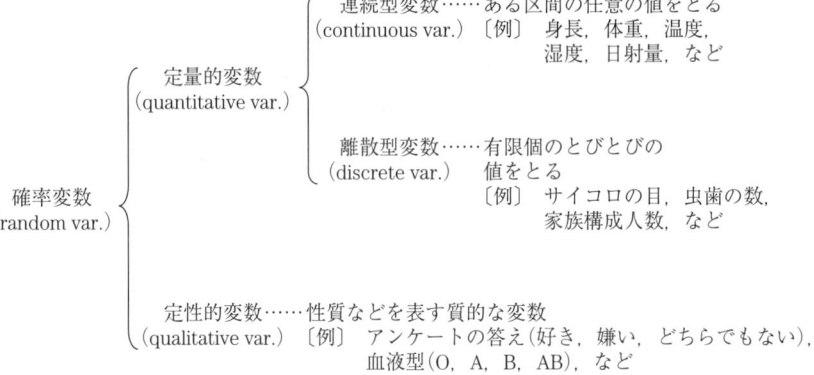

〔注〕 var. = variable

図 **1.2** 確率変数の分類

問　題　1.1

問 1. つぎのデータの抽出法は無作為抽出といえるか．
(1) A 大学では，学生のアレルギー体質をもつ者の割合を調べるため，登校途中の学生 100 人を選びデータをとった．

(2) ある都市の勤労者の収入分布を調査するため，電話帳で 10 番目ごとに名前を抽出するという方法で 500 人を選んだ．

(3) ビタミン C 錠剤を作っている B 製薬会社は，製品の抜取り検査をするため，1 年を四半期に分けてそれぞれの期間に作られた製品の中から 100 個をランダムに選び，合計 400 個の錠剤を検査した．

(4) 市長選挙の結果を予測するため，5 つの大きなデパートを選び，その入口でランダムにお客から意見を聞いた．

問 2. ある町の年金受給者 600 人には，1 番から 600 番の番号が付けられている．町政についての意見を聞くため，20 人を無作為抽出したい．巻末の乱数表を用いて 20 人を選べ．

問 3. つぎの変数 X, Y, Z は確率変数かどうか答えよ．

(1) サイコロを 3 回投げる実験において，

X：1 の目が出る回数，　　Y：出た目の和．

(2) A 大学の平成 20 年 1 月＊日の選抜入試の受験者の集団に対して，

X：英語の得点，　　Y：化学の平均点，　　Z：欠席者の人数．

1.2 度数分布表・ヒストグラム

どんな目的にしろ，集められたデータは，その数値または記号を眺めているだけでは全体を把握することはできない．この節では，データのまとめ方とグラフ表示について述べる．以下 2 ページにわたるデータ (**表 1.1**) は，ある年の K 大学 1 年生男子 55 名のデータである．これを基にして説明する．

表 1.1 のデータでは，変数は 3 種類に分けられる：

(1) **連続型変数**　　身長，体重，靴の大きさ，母の身長，父の身長

(2) **離散型変数**　　数学，英語，(これらは高校時代のおおよその得点平均)，劇場回数 (1 年間に映画館やコンサートホールなどへ行く回数)

(3) **定性的変数**　　血液型，(いま 1 番の) 関心事，アレルギー体質 (種類)

さて，劇場に行く回数のような離散型データは特に工夫しなくても自然にまとめられる．**表 1.2** と **図 1.3** の度数分布表とヒストグラム (度数分布を表す柱状グラフ) を参照せよ．度数分布表の**階級** (class) の大きさは，0 から 6 以

1.2 度数分布表・ヒストグラム

表 1.1 200X 年、男子学生データ

No.	性別	血液型	身長	体重	靴大きさ	母の身長	父の身長	数学	英語	劇場回数	関心事	アレルギー	アレルギー種類
1	M	O	171.2	65.0	26.0	162	180	80	50	5	自分自身の生き方	なし	
2	M	O	170.0	65.0	25.5	160	175	80	70	3	自分自身の生き方	なし	
3	M	A	172.0	61.0	26.5	155	165	50	50	2	スポーツ・娯楽	なし	
4	M	O	168.0	62.0	26.0	151	175	85	90	0	生活費(金銭)	あり	花粉症
5	M	B	160.0	55.0	26.0	140	165	80	80	0	スポーツ・娯楽	なし	
6	M	A	174.0	68.0	27.0	158	160	85	80	0	スポーツ・娯楽	なし	
7	M	O	171.0	53.0	26.5	150	170	30	50	0	スポーツ・娯楽	あり	花粉症
8	M	AB	172.0	63.0	25.5	160	165	50	50	4	生活費(金銭)	なし	
9	M	B	175.0	68.0	27.0	165	170	60	80	1	スポーツ・娯楽	なし	
10	M	B	162.0	54.0	26.5	151	170	60	70	2	生活費(金銭)	あり	花粉症
11	M	O	165.5	49.5	26.0	148	164	65	80	4	スポーツ・娯楽	なし	
12	M	A	180.0	70.0	26.0	155	180	80	60	12	生活費(金銭)	あり	花粉症
13	M	B	175.9	77.5	28.0	158	175	40	40	0	自分自身の生き方	なし	
14	M	A	169.0	85.0	26.5	151	165	80	70	0	スポーツ・娯楽	あり	花粉症、アトピー性皮膚炎
15	M	AB	180.0	58.0	27.5	165	170	76	28	1	自分自身の生き方	なし	
16	M	O	163.0	74.0	26.0	155	172	80	75	2	生活費(金銭)	なし	
17	M	A	176.0	65.0	26.5	152	175	80	80	0	スポーツ・娯楽	なし	
18	M	O	163.0	51.0	25.0	151	167	70	60	2	自分自身の生き方	あり	花粉症
19	M	O	180.0	58.0	27.0	156	170	85	40	2	スポーツ・娯楽	なし	
20	M	O	177.0	66.0	27.0	164	179	40	60	1	友人関係	なし	
21	M	AB	181.0	60.0	28.0	164	170	30	55	2	生活費(金銭)	なし	
22	M	O	177.3	65.0	27.0	152	174	30	50	3	社会情勢(政治・経済など)	あり	花粉症
23	M	A	186.0	70.0	29.0	160	170	45	25	1	自分自身の生き方	あり	花粉症
24	M	B	178.0	65.0	27.5	155	170	60	30	2	自分自身の生き方	あり	アトピー性皮膚炎、喘息
25	M	AB	157.0	60.0	25.5	150	150	75	85	0	社会情勢(政治・経済など)	なし	
26	M	O	165.0	50.0	26.5	150	160	50	60	2	友人関係	なし	
27	M	B	167.0	70.0	26.5	160	171	62	47	1	スポーツ・娯楽	あり	花粉症
28	M	AB	175.0	60.0	27.0	155	160	50	40	2	自分自身の生き方	なし	花粉症、鼻炎

8   1. データの整理

表 1.1 (つづき)

No.	性別	血液型	身長	体重	靴大きさ	母の身長	父の身長	数学	英語	劇場回数	関心事	アレルギー	アレルギー種類
29	M	B	185.0	71.0	28.0	164	175	50	60	1	生活費(金銭)	なし	
30	M	B	178.0	60.0	27.5	165	169	60	80	3	自分自身の生き方	なし	
31	M	O	161.0	54.0	25.5	163	163	70	65	4	自分自身の生き方	なし	アトピー性皮膚炎
32	M	O	177.0	60.0	26.5	152	177	60	60	3	自分自身の生き方	あり	アトピー性皮膚炎
33	M	O	172.0	105.0	28.0	162	163	85	80	2	スポーツ・娯楽	あり	花粉症
34	M	O	177.0	65.0	27.5	162	178	80	50	2	自分自身の生き方	あり	
35	M	B	185.0	76.0	29.0	160	170	85	78	0	スポーツ・娯楽	なし	
36	M	B	169.0	60.0	25.5	152	165	90	70	10	友人関係	あり	花粉症
37	M	O	172.0	68.0	28.0	158	175	70	60	5	自分自身の生き方	あり	花粉症
38	M	A	164.0	72.0	27.0	143	155	70	60	0	自分自身の生き方	あり	花粉症
39	M	A	170.0	55.0	26.0	155	170	80	70	3	自分自身の生き方	なし	
40	M	O	178.0	57.0	26.5	163	171	82	75	0	友人関係	なし	
41	M	A	173.0	60.0	27.0	153	173	80	70	3	自分自身の生き方	あり	花粉症
42	M	A	170.0	69.0	26.5	160	167	75	75	6	友人関係	なし	
43	M	B	170.0	70.0	27.5	160	168	70	60	3	自分自身の生き方	なし	喘息
44	M	B	173.0	93.0	27.5	155	175	30	35	5	友人関係	あり	ハウスダスト
45	M	A	165.0	70.0	26.5	155	167	40	30	2	その他(バイク)	なし	
46	M	B	165.0	53.0	26.0	160	170	70	80	10	スポーツ・娯楽	あり	花粉症,じんましん
47	M	A	164.0	54.0	26.0	152	168	80	85	5	自分自身の生き方	あり	アトピー性皮膚炎
48	M	B	170.0	53.0	26.0	150	163	50	70	5	生活費(金銭)	なし	
49	M	B	165.0	58.0	26.0	153	168	90	90	10	友人関係	なし	
50	M	A	180.9	95.0	28.0	160	170	30	50	5	友人関係	なし	
51	M	A	165.0	53.0	25.0	156	162	90	70	2	自分自身の生き方	あり	花粉症
52	M	O	173.0	54.0	27.0	154	171	45	50	1	自分自身の生き方	なし	
53	M	O	165.0	54.0	26.0	155	160	50	70	0	自分自身の生き方	あり	花粉症
54	M	A	164.8	49.8	25.5	153	160	40	60	4	生活費(金銭)	あり	花粉症
55	M	B	173.0	67.0	27.5	164	168	75	75	4	生活費(金銭)	あり	花粉症

1.2 度数分布表・ヒストグラム

表 1.2 度 数 分 布 表

階級（回数）	度数	相対度数	累積相対度数
0	12	.222	.222
1	7	.130	.352
2	13	.241	.593
3	7	.130	.723
4	4	.074	.797
5	6	.111	.908
6 以上	5	.093	1.000
合　計	54	1.000	

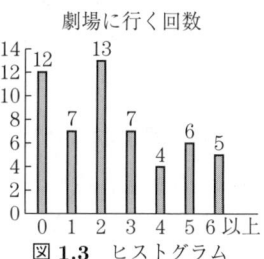

図 1.3 ヒストグラム

上まで 7 階級あり，この大きさはヒストグラムを作ったときちょうどよい大きさになっている．離散型変数の場合，このように階級の大きさを考えなくても自然にまとめられることがよくある．例えば，家族構成人数，虫歯の数，1 年間に海外旅行する回数などがそうであろう．度数分布表には，相対度数や累積相対度数も書かれているが，いつも載せるものではなく，必要に応じて入れればよい．また，ヒストグラムは細い棒グラフになっているが，**表 1.3** のように階級に幅がある場合は，面積のある棒グラフにするのが普通である．

表 1.3 度数分布表（身長）

階　級	階級値 x_i	集計	度数 f_i
155～159	157	一	1
159～163	161	下	3
163～167	165	正正丁	12
167～171	169	正正	9
171～175	173	正正一	11
175～179	177	正正一	11
179～183	181	正	5
183～187	185	下	3
合　計		55	55

つぎに，連続型変数である身長のデータをまとめよう．最小値は 157.0，最大値は 186.0 の小数点以下 1 桁まであるデータなので，最小値と最大値を含む区間を適当に分割して，7 から 10 個くらいの階級を作る．例えば，156.5 から 186.5 までを 10 等分すると階級の幅は 3 cm で，10 個の階級は

　　[156.5, 159.5), 　[159.5, 162.5), 　⋯ , 　[180.5, 183.5), 　[183.5, 186.5]

となる．ここに，区間を表すカギカッコ［，］は端点を含む記号で，マルカッコ（，）は端点を含まない記号である．すなわち，区間 [171.5, 174.5) は $171.5 \leq x < 174.5$ を表すので階級の右端のデータはつぎの階級のデータとして数える．このデータでは，10 階級に分けたときのヒストグラムは見栄えがよくない（図 1.4）ので，ここでは全体の区間を [155, 187] とし，8 つの階級で度数分布表を作成した（表 1.3，図 1.5）．各階級の中央の値は**階級値**（class mark）と呼ばれ，各種統計量の計算に使われることがある．

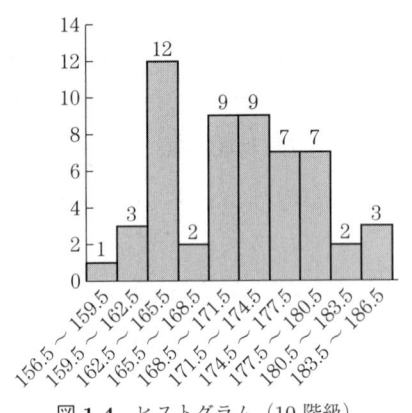

図 1.4 ヒストグラム（10 階級）

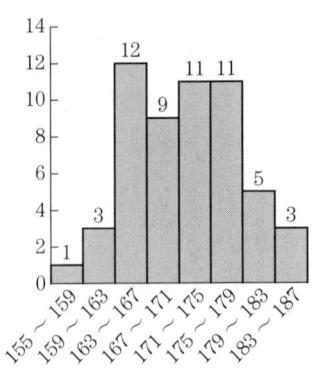

図 1.5 ヒストグラム（8 階級）

連続型変数のデータの場合，ヒストグラムは図 1.4 のように面積のある棒グラフで描くのが普通である．標本の大きさが 55 程度のデータでは階級の大きさは 7〜8 くらいが適当である．標本の大きさが大きくなるに従って，階級の大きさも増やしたほうが見やすくなる．表 1.1 の数学，英語の得点などは離散型データであるが，取り得る値の範囲は広いので，ヒストグラムは連続型データと同じように幅をもった階級を設定して描くのがよい．

表 1.4 は，平成 19 年度の 17 歳男子高校生の身長の度数分布である．正確な標本の大きさはわからないが，2 万から 3 万くらいと思われる．図 1.6 にそのヒストグラムと**累積度数折れ線**グラフを載せた．階級の大きさは 10 にしたが，データ数から考えるともう少し多くしたほうがきれいな分布になるだろう．

1.2 度数分布表・ヒストグラム

表 1.4　17歳男子高校生身長

階　級	階級値	相対度数〔% × 10〕	累積相対度数
146.5〜151.5	149	1.05	.105
151.5〜156.5	154	6.9	.795
156.5〜161.5	159	43.6	5.155
161.5〜166.5	164	174.1	22.565
166.5〜171.5	169	331.3	55.695
171.5〜176.5	174	282.8	83.975
176.5〜181.5	179	125.8	96.555
181.5〜186.5	184	29.4	99.495
186.5〜191.5	189	4.7	99.965
191.5〜196.5	194	0.35	100.000
合　計		1000.0	

（平成19年度学校保健統計調査報告書より）

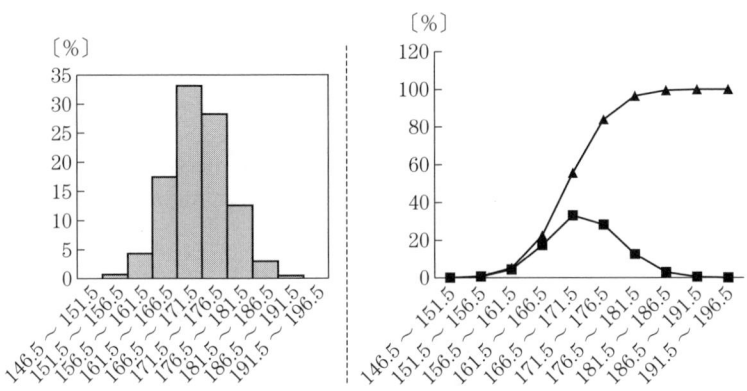

図 1.6　ヒストグラムと累積度数分布グラフ

さて，ここで定性的データのまとめ方について考えよう．学生のデータ（表1.1）から，血液型の度数分布表と相対度数を表す円グラフを作ると**表1.5**と**図1.7**のようになる．このような表や図は一見して全体の状況がつかめるので，新聞・雑誌などでも毎日目にするものである．データのまとめとしては，これで十分である．

つぎに，表1.1からアレルギー体質についてのデータをまとめて見よう．アレルギー体質があるかないか，あった場合はアレルギーの種類はなにかということで，**表1.6**と**表1.7**の2つの度数分布表が得られる．これらを円グラフにしたものが図1.8と図1.9である．表1.7では相対度数の和が113.0になって

表 1.5 血液型の分布

血液型	度数	相対度数〔%〕
O	19	34.5
A	15	27.3
B	16	29.1
AB	5	9.1
合 計	55	100.0

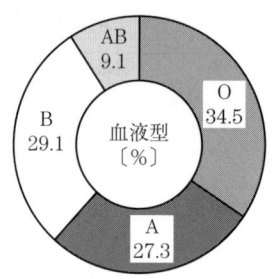

図 1.7 度数分布を表す円グラフ

表 1.6 アレルギー体質

アレルギー体質	度数	相対度数
な し	32	58.2
あ り	23	41.8
合 計	55	100.0

表 1.7 アレルギー種類

アレルギー種類	度数	相対度数
花粉症	16	69.6
アトピー性皮膚炎	5	21.7
喘 息	2	8.7
ハウスダスト	1	4.3
鼻 炎	1	4.3
じんましん	1	4.3
合 計	26	113.0

〔注意〕 3名は2種類のアレルギーをもつ．

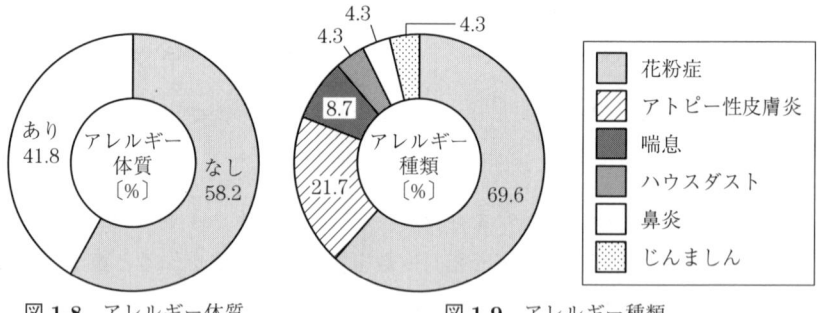

図 1.8 アレルギー体質 　　図 1.9 アレルギー種類

いることに注意せよ．

例題 1.1 表 1.8 の数値 1 つ 1 つは，区間 $(0, 10)$ の乱数 4 個の平均値である（乱数は計算機で作成）．全部で 100 個ある．これらのデータの度数分布表，ヒストグラム，累積度数折れ線グラフを作れ．

表 1.8 乱数 4 個の平均

6.6	3.8	4.7	8.5	4.4	4.5	2.3	6.0	3.8	2.6
6.6	5.4	5.3	7.3	6.6	2.2	4.1	5.0	4.4	4.9
6.5	6.2	6.1	3.6	6.2	3.5	7.0	5.2	5.5	5.1
4.0	3.3	4.0	4.1	7.6	4.8	3.0	5.8	5.2	3.0
4.5	5.6	5.3	3.8	5.0	3.9	6.5	5.8	6.8	3.9
6.1	5.4	2.8	3.6	5.1	4.5	4.1	5.9	4.5	3.0
5.6	3.6	6.0	4.9	2.0	5.3	4.0	2.5	3.2	5.7
4.9	2.6	5.4	2.8	5.8	3.9	5.2	6.7	4.6	4.9
5.3	0.8	5.2	5.2	6.4	6.2	5.0	2.8	3.8	4.2
5.5	5.8	4.7	6.5	8.0	2.8	4.9	5.6	6.4	4.8

【解答】 データの最大値は 8.5, 最小値は 0.8 なので, 区間 [0.5, 8.5] を 8 等分して 8 つの階級を作った. 最後の階級は $7.5 \leq x \leq 8.5$ であり, 最大値 8.5 はここに入れた. 頻度を数え度数分布表を作ると, **表 1.9** のようになる. ヒストグ

表 1.9 乱数 100 個の度数分布表

階　級	階級値 x_i	集　計	度数 f_i	累積相対度数
0.5〜1.5	1	一	1	0.01
1.5〜2.5	2	下	3	0.04
2.5〜3.5	3	正正丅	12	0.16
3.5〜4.5	4	正正正正	20	0.36
4.5〜5.5	5	正正正正正一	31	0.67
5.5〜6.5	6	正正正正	20	0.87
6.5〜7.5	7	正正	10	0.97
7.5〜8.5	8	下	3	1.00
合　計		100	100	

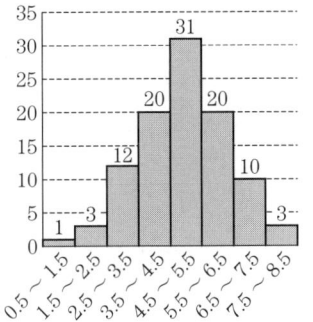
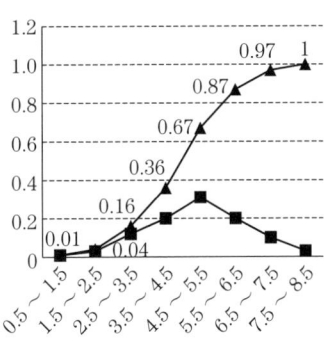

図 1.10 ヒストグラム, 累積度数分布グラフ

ラムと累積度数折れ線グラフは図 1.10 のようになる．ヒストグラムはほぼ左右対称形（正規分布に近い）の棒グラフになっていることに注意せよ． ◇

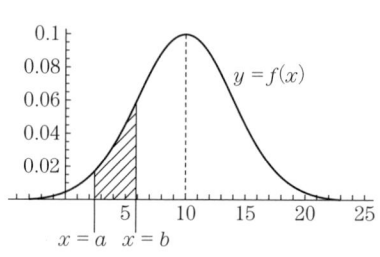

図 1.11　正規分布（平均 10）

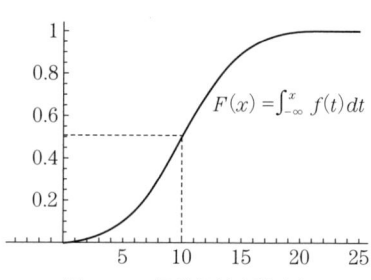

図 1.12　累積相対度数分布

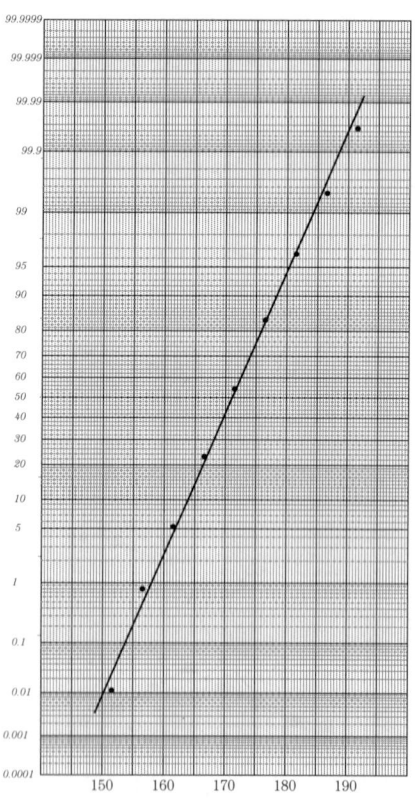

図 1.13　17 歳男子高校生身長 (図 1.6 参照)

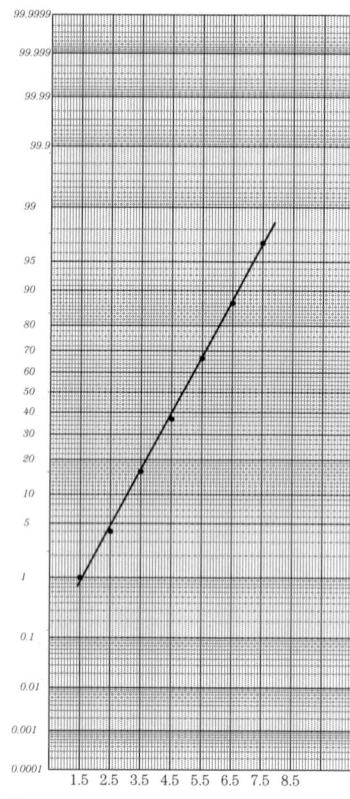

図 1.14　100 個の乱数 (図 1.10 参照)

この節の最後に，正規分布についてふれておこう．正確な定義は 2 章で与えるが，正規分布では，確率を与える確率密度関数は**図 1.11** のように左右対称形できれいな釣鐘型をしている（分布の中心線は平均の位置，x の範囲は実数全体である）．確率変数 X が $a \leq X \leq b$ の範囲に入る確率は図の斜線部分になる．したがって，この曲線と x 軸で囲まれる部分の面積は 1 である．これの累積相対度数分布は，典型的な成長曲線と呼ばれる曲線であり，平均 $(x = 10)$ の所が変曲点でグラフは下に凸から上に凸に変わる（**図 1.12**）．実際のデータが正規分布に近いか否かは，**正規確率紙**を用いて累積相対度数〔%〕をプロットすることである程度の判断ができる．正規分布に近いとき，プロットされた点は 1 本の直線の近くに分布する（**図 1.13**, **図 1.14**）．また，データの対数をとった変数が正規分布に近いときは，**対数正規確率紙**を用いるとよい．

問 題 1.2

問 1. 表 1.1 の「関心事」について，度数分布表および円グラフを作れ．

問 2. 表 1.1 の「体重」について，度数分布表およびヒストグラムを作れ．ただし，85 kg 以上の者が 4 名ほどいる（これらは他のデータから飛び離れている）ので，階級の作り方は工夫せよ．（例えば，48.5～83.5 までは階級幅 5，83.5 以上は幅 11 にするなど）

問 3. 表 **1.10** は 7 歳の男子小学生の体重の分布である．相対度数の数値は % × 10 である．度数分布表，ヒストグラムおよび累積相対度数折れ線グラフを作れ．

表 **1.10** 7 歳，男子小学生体重

〔kg〕	14	15	16	17	18	19	20	21	22	23
相対度数	0.1	0.7	2.7	7.5	21.6	42.2	80.2	108.2	124.5	124.6

〔kg〕	24	25	26	27	28	29	30	31	32	33
相対度数	117.9	92.0	66.8	55.3	34.4	27.2	18.7	13.5	11.4	9.7

〔kg〕	34	35	36	37	38	39	40	41	42	43	44	45
相対度数	7.0	5.9	5.3	4.3	4.1	2.7	2.5	1.5	1.4	1.6	1.1	0.9

〔kg〕	46	47	48	49	50～55
相対度数	0.7	0.4	0.5	0.5	0.7

（平成 19 年度学校保健統計調査報告書より）

問 4. 日本の医療施設に従事する医師数は,平成 16 年度のデータで,256668 人である.各診療科に属す人数は表 1.11 のようになっている.

表 1.11 各診療科の医師数〔人〕

診療科	医師数	診療科	医師数
内科	73,670	精神科	12,151
外科	23,240	消化器科	10,325
整形外科	18,771	産婦人科	10,163
小児科	14,677	耳鼻咽喉科	9,076
眼科	12,452	産科	431

(日本の統計 2008,総務省統計局より)

(1) 全医師数に対する各診療科の医師数の割合〔%〕を求めよ.
(2) 内科と外科で全体の何パーセントか,また,産婦人科と産科ではどうか.
(3) 平成 16 年の日本の人口は,127.8(単位は 100 万)である.産婦人科と産科の医師数は,人口 10 万人当り何人になるか求めよ.

1.3 平均と標準偏差

n 個の数値データを $x_1, x_2, \cdots, x_n$ としたとき,データ全体の集団的特徴を表す代表値,すなわち,データの中心の位置やデータのばらつきの度合いなどを表す量(値)について考える.

1.3.1 平　均　値

データの中心を表す量としては,よく知られている**平均** (mean, average) $\bar{x}$ がある:

$$\bar{x} = \frac{x_1 + x_2 + \cdots + x_n}{n} = \frac{1}{n}\sum_{i=1}^{n} x_i . \tag{1.1}$$

各データと平均との差(平均からの偏差)を全部足すと 0 になることは明らかである:

$$\sum_{i=1}^{n} (x_i - \bar{x}) = 0 . \tag{1.2}$$

なぜならば,

$$\sum_{i=1}^{n}(x_i-\bar{x})=\sum_{i=1}^{n}x_i-n\bar{x}=n\left(\frac{1}{n}\sum_{i=1}^{n}x_i-\bar{x}\right)=0.$$

個々のデータがわからず,度数分布表のみがわかっているときの平均の計算は,階級値を x_i $(i=1,2,\cdots,k)$,度数を f_i として,

$$\bar{x}=\frac{x_1f_1+x_2f_2+\cdots+x_kf_k}{n}=\frac{1}{n}\sum_{i=1}^{k}x_if_i \tag{1.3}$$

で計算する(近似値).ただし,$f_1+f_2+\cdots+f_k=n$ である.

例 1.3

(1) 表 1.4 の 17 歳男子高校生の身長の平均は文部科学省の資料では 170.8(小数点以下 1 桁までしか書かれていない)と発表されている.この度数分布表から式 (1.3) で求めた平均は 170.78 である.なお,参考までに記すと,17 歳男子高校生の身長の平均が 170 を超えたのは 1985 年であり,1995 年からは平均がずっと 170.8 で頭打ちになっている.

(2) 表 1.8 の 100 個の乱数の平均(真値)は $\bar{x}=\dfrac{1}{100}\sum_{i=1}^{100}x_i=4.843$ であるが,度数分布表 1.9 から式 (1.3) で計算すると,

$$\bar{x}=\frac{1}{100}(1\times1+2\times3+3\times12+\cdots+8\times3)=4.92$$

となり,真値との差は -0.077 である. ♡

1.3.2 標準偏差

データ全体のばらつき(散らばり)の度合いを表す量を考えよう.データの最大値から最小値を引いた値(**範囲**:range という)は全データが入っている区間の長さを表すが,範囲だけでは全体のデータのばらつきはわからない.個々のデータのばらつきは,そのデータが平均 $\bar{x}$ からどのくらい離れているかが 1 つの目安となるので,つぎのような量が基本的なものであろう.

$$\sum_{i=1}^{n}|x_i-\bar{x}|,\quad \sum_{i=1}^{n}(x_i-\bar{x})^2,\quad \sum_{i=1}^{n}(x_i-\bar{x})^4.$$

このうちのどれを採用するにしても，このままではデータの個数が増えれば値はどんどん大きくなってしまうので，データの個数で割るとか適当な数で割って値を標準化するなどの処理をしなければならない．また，上の3つの量を関数と考えたとき，どの式が扱いやすいかというと，2次式が一番扱いやすい．なぜならば，絶対値付きの関数は微積分が少し厄介になるし，4次式は2次式よりも複雑で，値も大きくなり過ぎるからである．以上のことから，データ全体のばらつきの度合いを表す量としての**分散** (variance) s^2 を次式で定義する：

$$s^2 = \frac{1}{n-1}\sum_{i=1}^{n}(x_i-\bar{x})^2. \tag{1.4}$$

注意：分散の式を，データの個数 n で割らずに $n-1$ で割った理由は4章で明らかになる．推測統計学では $n-1$ で割ったほうが統計量としてよい性質をもっている．他の教科書では n で割った式を分散，$n-1$ で割った式 (1.4) を不偏分散と呼んで区別しているものもある．

式 (1.3) と同様に，度数分布表しか与えられていない場合は，x_i を階級値，f_i を度数，k を階級の大きさとして

$$s^2 = \frac{1}{n-1}\sum_{i=1}^{k}(x_i-\bar{x})^2 f_i \tag{1.5}$$

を分散の近似値とする．さて，分散の正の平方根 s は**標準偏差** (standard deviation) と呼ばれている．式 (1.4) と式 (1.5) に対応した式を書くと

$$s = \sqrt{\frac{1}{n-1}\sum_{i=1}^{n}(x_i-\bar{x})^2},\quad （データからの計算） \tag{1.6}$$

$$s = \sqrt{\frac{1}{n-1}\sum_{i=1}^{k}(x_i-\bar{x})^2 f_i}\quad （度数分布表からの計算） \tag{1.7}$$

である．標準偏差は分散の平方根をとることで，単位が元のデータと同じになっ

ている．数値は一般に分散より小さくなるが（$s^2 < 1$ のときは s のほうが大きくなる），やはりデータ全体のばらつきの度合いを表す量である．

注意：式 (1.4), (1.5) で用いられている平均からの偏差の 2 乗和は，

$$\sum_{i=1}^{n}(x_i-\bar{x})^2 = \sum_{i=1}^{n}x_i^2 - 2\bar{x}\sum_{i=1}^{n}x_i + \sum_{i=1}^{n}\bar{x}^2 = \sum_{i=1}^{n}x_i^2 - 2n\bar{x}^2 + n\bar{x}^2 = \sum_{i=1}^{n}x_i^2 - n\bar{x}^2,$$

$$\sum_{i=1}^{k}(x_i-\bar{x})^2 f_i = \sum_{i=1}^{k}x_i^2 f_i - 2\bar{x}\sum_{i=1}^{k}x_i f_i + \bar{x}^2\sum_{i=1}^{k}f_i = \sum_{i=1}^{k}x_i^2 f_i - 2n\bar{x}^2 + n\bar{x}^2$$

$$= \sum_{i=1}^{k}x_i^2 f_i - n\bar{x}^2$$

となるので，式 (1.4), (1.5) はつぎのように書ける：

$$s^2 = \frac{1}{n-1}\left(\sum_{i=1}^{n}x_i^2 - n\bar{x}^2\right), \tag{1.8}$$

$$s^2 = \frac{1}{n-1}\left(\sum_{i=1}^{k}x_i^2 f_i - n\bar{x}^2\right). \tag{1.9}$$

例 1.4 次の 2 種類のデータの平均と標準偏差を求めよ．

Sample 1：2, 4, 4, 6, 6, 6, 8, 8, 10　　Sample 2：4, 5, 5, 6, 6, 6, 7, 7, 8

【解答】　Sample 1 では，

$$\bar{x} = \frac{2 + 4\times 2 + 6\times 3 + 8\times 2 + 10}{9} = 6,$$

$$s^2 = \frac{1}{8}\{(2-6)^2 + (4-6)^2 \times 2 + (8-6)^2 \times 2 + (10-6)^2\} = \frac{48}{8} = 6,$$

$$\therefore\ s = \sqrt{6}.$$

Sample 2 では，

$$\bar{x} = \frac{4 + 5\times 2 + 6\times 3 + 7\times 2 + 8}{9} = 6,$$

$$s^2 = \frac{1}{8}\{(4-6)^2 + (5-6)^2 \times 2 + (7-6)^2 \times 2 + (8-6)^2\} = \frac{12}{8} = \frac{3}{2},$$

$$\therefore\ s = \frac{\sqrt{6}}{2}.$$

平均は同じであるが，標準偏差は Sample 2 のほうがちょうど半分になっている．これは 2 種類のデータのばらつきの度合いを正確に表している（図 **1.15**）．

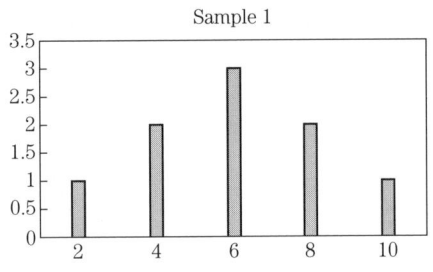
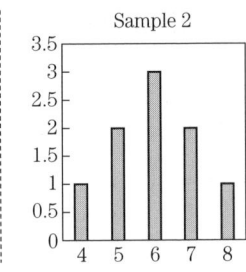

図 **1.15** 2つのヒストグラム

例題 1.2 表 1.1 の数学の得点について,平均と標準偏差を求めよ.また,度数分布表とヒストグラムを作り,この度数分布表から式 (1.3), (1.7) を用いて平均と標準偏差の近似値を求めよ.

【解答】 元のデータより平均と標準偏差は,$\bar{x} = 64.64$,$s = 18.43$ となる.度数分布表とヒストグラムは**表 1.12**,**図 1.16** のようになる.また,元のデータがわからず,度数分布表がわかっているとして式 (1.3), (1.7) を使うと,

表 **1.12** 数学の得点分布

階級	階級値 x_i	度数 f_i	$x_i f_i$	$x_i^2 f_i$
1) 25.5〜35.5	30.5	5	152.5	4651.25
2) 35.5〜45.5	40.5	6	243.0	9841.5
3) 45.5〜55.5	50.5	7	353.5	17851.75
4) 55.5〜65.5	60.5	7	423.5	25621.75
5) 65.5〜75.5	70.5	9	634.5	44732.25
6) 75.5〜85.5	80.5	18	1449.0	116644.5
7) 85.5〜95.5	90.5	3	271.5	24570.75
合計		55	3527.5	243913.75

$$\bar{x} = \frac{1}{55}(30.5 \times 5 + 40.5 \times 6 + \cdots + 90.5 \times 3) = \frac{3527.5}{55} = 64.14,$$

$$s = \sqrt{\frac{1}{54}(243913.75 - 55 \times 64.14^2)} = 18.08$$

となり,若干の誤差が生じている.

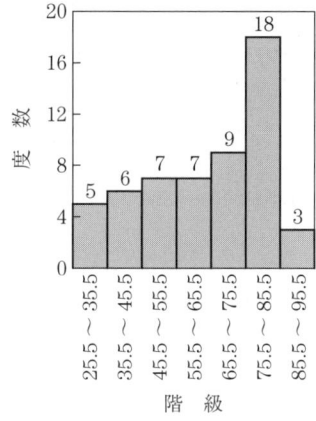

図 **1.16** 数学得点の
ヒストグラム

1.3.3 その他の代表値

最後に，平均や標準偏差以外の代表値でよく知られているものを挙げる．

(1) **重みつき平均**（weighted mean）：

$$\bar{x} = \frac{w_1 x_1 + w_2 x_2 + \cdots + w_n x_n}{w_1 + w_2 + \cdots + w_n}. \tag{1.10}$$

この式では，正の数 w_i $(i=1, 2, \cdots, n)$ は重みと呼ばれる．各変数の重要度に違いがあるときは，この計算がよく使われる．実際に，物価指数の算出や成績評価などに使われている．上の式は c_i を $c_1 + c_2 + \cdots + c_n = 1$ を満たす正の数としてつぎのように書いてもよい．

$$\bar{x} = c_1 x_1 + c_2 x_2 + \cdots + c_n x_n. \tag{1.11}$$

(2) **モード**（mode）： ヒストグラムの度数を最大にする階級値をいう．最頻値ともいう．集団の特性を表す1つの数であるが，平均値やつぎに示す中央値と同じとはかぎらない．会社員の賃金では，モードは一般に低いところに位置するので，労働組合はモードを示して賃金交渉をしてきたといわれている．

(3) **中央値**（median）： 大きさの順に並べられた測定値のちょうど中央にある値．データが偶数個のときは真ん中の2つの値の平均値．すき間のない面積のあるヒストグラムでは，面積を左右に2等分する x の値である．この意味でデータの中央を表す数であるが，やはり平均やモードとは異なる．中央値は集団から離れている外れ値の影響を受けることが少ない．

(4) **四分位範囲**（interquartile range）： データの最大値と最小値の差である範囲は，ばらつきの度合いを表す1つの量であるが，大雑把過ぎるので，つぎのような四分位範囲を考える．

中央値 m で2分された前半のデータ（m は含まない）の中央値 m_1 を第1四分位点，m を第2四分位点，後半のデータ（m は含まない）の中央値 m_3 を第3四分位点と呼ぶとき，$m_3 - m_1$ を四分位範囲という．すなわちデータの半分が入っている中央の範囲であり，データのばらつきの度合いを表す量としては範囲よりも優れている．

例えば，データが 2, 2, 3, 5, 6, 7, 7, 8 の8個のとき，中央値は 5.5（4番目と5番目のデータの平均），第1四分位点は 2.5，第3四分位点は 7 なので，四分位範囲は区間 $[2.5, 7]$ の幅の 4.5 である．

モード，中央値，四分位範囲などは数式（関数）として扱いにくい量なので，現代の推測統計学においては使われる機会は少ないが，中央値は分布が未知の場合の仮説検定において（8章参照）重要な役割を果たす代表値である．

問　題　1.3

問 1. ある会社の入社試験の平均点は 52 点で，受験者の 10 ％の 20 人が合格した．不合格者の平均点は 50 点であった，合格者の平均点はいくらか．

問 2. 表 **1.13** のデータは，アジア主要国の電力消費量（2004年）と人口である．
(1) 各国の千人当りの電力消費量 X を計算し，平均と標準偏差を求めよ．ただし，X の単位は，$100 \times$ kWh/千人 とせよ．例えば，日本の場合は $1031300/128085 = 8.052$ （有効数字4桁で表示）である．

1.3 平均と標準偏差

表 1.13 電力消費量と人口

（電力消費量単位は kilowatt hour (kW·h)，人口の単位は千人）

国・地域	消費量	人口	国・地域	消費量	人口
中国	20,546	1,315,844	マレーシア	788	25,347
日本	10,313	128,085	パキスタン	646	157,935
インド	4,938	1,103,371	カザフスタン	544	14,825
韓国	3,554	47,817	アラブ首長国連邦	490	4,496
サウジアラビア	1,480	24,573	フィリピン	487	83,054
イラン	1,371	69,515	イスラエル	463	6,725
トルコ	1,268	73,193	ベトナム	412	84,238
タイ	1,188	64,233	香港	392	7,041
インドネシア	10,41	222,781	北朝鮮	185	22,488

(2007 年版，世界統計白書，木本書店より）

(2) X の値を小さい順に並べ，第 1 四分位点，中央値，第 3 四分位点を求め，18 ヶ国をこれらの点を境にして 4 つのグループに分けよ．ただし，第 1，第 3 四分位点の国は上のグループに入れよ．

問 3. 表 1.1 の「英語」の得点について，
(1) 度数分布表とヒストグラムを作れ．
(2) 平均と標準偏差を求めよ．また，元のデータがわからないとして度数分

表 1.14 乱数 6 個の平均

2.8	5.7	5.7	4.5	4.7	4.6	6.1	4.8	2.6	6.2
3.6	5.6	3.8	4.8	5.3	7.2	4.0	5.9	4.9	4.7
4.6	5.1	3.9	2.6	6.2	7.6	3.7	7.2	4.4	4.2
6.7	5.5	7.2	6.6	5.4	5.4	4.5	7.3	3.7	6.0
5.8	3.9	5.2	4.8	4.9	4.7	5.3	4.7	5.6	6.5
6.2	4.6	5.6	3.5	4.1	5.1	3.4	4.8	5.2	4.9
5.1	6.6	4.1	5.1	2.0	6.0	5.2	8.1	5.4	4.9
5.6	2.2	4.6	6.8	5.9	3.7	4.2	5.1	7.4	4.5
3.0	4.1	4.9	3.6	7.4	3.3	5.1	4.9	6.0	6.2
6.1	5.8	5.3	5.9	4.9	3.0	4.5	4.9	6.8	7.7
4.2	3.2	4.0	5.6	4.4	6.5	7.3	4.5	3.6	5.2
5.2	5.7	4.0	5.6	6.1	5.0	4.7	5.9	2.9	4.2
6.0	4.7	4.1	5.8	4.3	6.6	6.0	4.2	5.5	5.5
5.0	5.3	5.6	4.6	4.5	4.1	5.4	6.1	3.7	6.4
4.1	5.0	4.9	4.5	5.8	3.5	4.7	6.7	6.0	5.6
5.5	5.1	2.8	3.8	7.9	3.9	4.3	4.9	4.3	3.8
3.2	3.2	6.0	3.1	6.2	4.0	4.8	2.6	5.1	6.6
5.0	4.4	2.7	2.5	3.9	5.0	5.9	5.9	6.5	6.0
5.4	5.4	3.7	5.6	4.3	3.3	2.4	4.4	5.5	6.4
3.7	5.2	7.4	5.2	2.9	4.6	5.2	4.6	6.2	6.0

24   1. データの整理

布表から平均と標準偏差を求め，真値との差を求めよ．
(3) 例題 1.2 の「数学」の得点分布と比べたとき，何がいえるか述べよ．

問 4. 表 1.14 のデータは，区間 $(0, 10)$ の乱数 6 個の平均を 200 個作ったもので，$\bar{x} = 4.992, s = 1.725$ である．
(1) 度数分布表（累積相対度数も求めよ）を作り，式 (1.3), (1.7) から $\bar{x}, s$ を計算し，真値との誤差を示せ．
(2) この分布は正規分布に近いかどうか，正規確率紙を用いて確かめよ．

問 5. データ x_i $(i = 1, 2, \cdots, n)$ の分散を s^2 とする．$u_i = \dfrac{x_i - a}{b}$ とおき，u_i の分散を s_u^2 と書くと，$s^2 = b^2 s_u^2$ が成り立つことを示せ．

1.4 相関と回帰

1 つの集団を考察するある問題では，1 個体について相互に関係あると思われる 2 つの変数のデータを同時に調べ，その関連の強さの度合いを知る必要があるかもしれない．また別の問題では，1 つの変数の性質や特徴を説明できるような他の変数との関係が重要になるかもしれない．これら 2 種類の問題は，一般に**相関**および**回帰**の問題と呼ばれる．また，2 変数 X, Y のペアになったデータ

$$(x_1, y_1), (x_2, y_2), \cdots, (x_n, y_n)$$

は **2 変数データ**と呼ばれる．この節では，2 変数データのまとめ方および関連の度合いなどを表す量や式などを考える．

例 1.5 (2 変数データの例)
- 学生の集団に対して：（身長，体重），（身長，靴の大きさ），
  　　　英語の試験について… (前期の成績，後期の成績)，
  　　　　　(高校の成績の平均，大学 1 年次成績平均) など．
- 農業生産等に関して：（日照時間，米の出来高），（気温，ぶどうの糖度），
  　　　(雨量，キャベツ収穫高)，(真夏日日数，ビール生産量) など．♡

1.4.1 相関係数

身長と体重を考えたとき，これらは常識的には相関が強いと思われているが，実際はどうであろうか．表 1.1 には 55 人分の身長と体重のデータがあるが，数字をながめているだけでは何もわからない．まず最初に，データを視覚化（グラフ表示）することを考える．2 変数データ (x_i, y_i) $(i = 1, 2, \cdots, n)$ を平面上の n 個の点と考えてプロットした図 **1.17** を **散布図**（scatter diagram）または **相関図**（correlation diagram）と呼ぶ．データを視覚化することで，2 変数間の全体の相関やばらつきなどが一目瞭然となる．この散布図では，「身長の高い者は体重も重いようである」という大雑把な傾向が見られるが，それほど強い相関はもっていない．

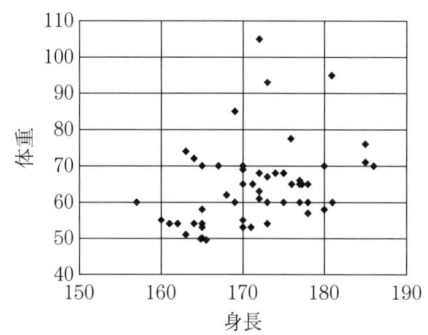

図 **1.17** 身長と体重の散布図

ここでは，散布図が集合として直線的になる場合について考える．さて，2 変数の間の直線的な関係の度合いを表す量を求めたいが，どんな量（式）が基本的なものだろうか．散布図に平均の点 $(\bar{x}, \bar{y})$ をプロットし，そこを中心にして縦・横に軸を引き 4 つの象限（右上の象限から左回りに第 I，第 II，第 III，第 IV 象限と呼ぶ）を作ったとしよう（図 **1.18**）．もし，散布図が直線的であれば，

(1) 点は第 I 象限と第 III 象限に多い（直線の傾きが正のとき），または

(2) 点は第 II 象限と第 IV 象限に多い（直線の傾きが負のとき）

のどちらかになる．これら傾きの違いや集合としての直線的な度合いの違いを表す量は本当にあるのだろうか？

26   1. データの整理

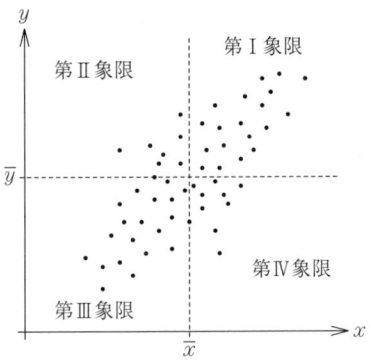

図 1.18 4 つの象限

統計学では，平均からの偏差がつねに重要な量の1つであり，ここでは2つの変数のこれらの積和

$$\sum_{i=1}^{n}(x_i-\bar{x})(y_i-\bar{y}) \tag{1.12}$$

がやはり重要な役割を果たす．式 $s_{xy}=\dfrac{1}{n-1}\sum_{i=1}^{n}(x_i-\bar{x})(y_i-\bar{y})$ は標本の**共分散** (covariance) と呼ばれている量である．1組のデータ (x_i,y_i) に対して，$(x_i-\bar{x})(y_i-\bar{y})$ は，第Ⅰ・第Ⅲ象限で正，第Ⅱ・第Ⅳ象限で負となるので，散布図が直線的のとき式 (1.12) は正で大きな値（前述の (1) の場合）または負で小さな値（(2) の場合）となる．すなわち，式 (1.12) はわれわれの望むよい性質をもっていることがわかる．しかし，このままではデータの個数が多くなればその絶対値はいくらでも大きくなるので，適当な数で割って標準化する必要がある．このような考えで生まれたのがつぎの相関係数である．

定義 1.3 （相関係数） 式 (1.12) を $(n-1)$，x の標準偏差 s_x および y の標準偏差 s_y で割った式を

$$r=\dfrac{\sum_{i=1}^{n}(x_i-\bar{x})(y_i-\bar{y})}{(n-1)\,s_x\,s_y}=\dfrac{s_{xy}}{s_x s_y} \tag{1.13}$$

と書き，これを**相関係数** (correlation coefficient) と呼ぶ．

注意：変数 X と Y のデータについて，標準偏差は式 (1.6) よりそれぞれ

$$s_x = \sqrt{\frac{1}{n-1}\sum_{i=1}^{n}(x_i-\bar{x})^2}, \quad s_y = \sqrt{\frac{1}{n-1}\sum_{i=1}^{n}(y_i-\bar{y})^2}$$

なので，結局 r は次式と同じになる：

$$r = \frac{\sum_{i=1}^{n}(x_i-\bar{x})(y_i-\bar{y})}{\sqrt{\sum_{i=1}^{n}(x_i-\bar{x})^2}\sqrt{\sum_{i=1}^{n}(y_i-\bar{y})^2}} = \frac{\boldsymbol{x}\cdot\boldsymbol{y}}{|\boldsymbol{x}||\boldsymbol{y}|}. \tag{1.14}$$

ここに，$\boldsymbol{x}, \boldsymbol{y}$ はベクトル $\boldsymbol{x} = (x_1-\bar{x}, x_2-\bar{x}, \cdots, x_n-\bar{x})$，$\boldsymbol{y} = (y_1-\bar{y}, y_2-\bar{y}, \cdots, y_n-\bar{y})$ を表し，$\boldsymbol{x}\cdot\boldsymbol{y}$ はベクトルの内積，$|\boldsymbol{x}|, |\boldsymbol{y}|$ はベクトルの大きさ（長さ）を表す．

つぎの結果により，相関係数はわれわれが望んでいた理想的な量であることがわかる．

定理 1.1 相関係数 r はつぎの性質をもつ：

(1) $-1 \leqq r \leqq 1$，ただし，等号が成り立つのはデータ (x_i, y_i) $(i = 1, 2, \cdots, n)$ が 1 直線上にあるときである．

(2) データ (x_i, y_i) が点 $(\bar{x}, \bar{y})$ を中心にあらゆる方向に均等に散らばっているとき，r は 0 に近い．

証明
(1) 2 つの n 次元ベクトル $\boldsymbol{x}, \boldsymbol{y}$ のなす角を θ とすると，

$$r = \frac{\boldsymbol{x}\cdot\boldsymbol{y}}{|\boldsymbol{x}||\boldsymbol{y}|} = \frac{|\boldsymbol{x}||\boldsymbol{y}|\cos\theta}{|\boldsymbol{x}||\boldsymbol{y}|} = \cos\theta$$

となるので，$-1 \leqq r \leqq 1$ がいえる．等号が成り立つ場合を考えると，同値関係

$$\cos\theta = \pm 1 \Leftrightarrow \theta = 0, \pi \Leftrightarrow \boldsymbol{x} \mathbin{/\mkern-6mu/} \boldsymbol{y} \Leftrightarrow \boldsymbol{y} = k\boldsymbol{x} \quad (k\text{ は定数})$$

が成り立つ．最後の式は

$$y_i - \bar{y} = k(x_i - \bar{x}), \quad (i = 1, 2, \cdots, n)$$

を表すので，すべての点 (x_i, y_i) は1直線上にある．

(2) データが点 $(\bar{x}, \bar{y})$ を中心にしてあらゆる方向に均等に散らばっていれば，散布図の4つの象限にほぼ同数の点が対称に散らばっていると考えられるので，$\sum_{i=1}^{n}(x_i - \bar{x})(y_i - \bar{y}) \fallingdotseq 0$ となる．よって，r は 0 に近い． □

相関係数 r について，$r > 0$ のときは**正の相関**，$r < 0$ のときは**負の相関**があるといわれる．また，散布図の各点が $(\bar{x}, \bar{y})$ を中心に均等に散らばっていて $r \fallingdotseq 0$ のときは**無相関**と呼ばれる．さらに，$|r| = 1$ のときは**完全相関**（すべてのデータが1直線上にのる）と呼ばれる．r と散布図の関係については，図 **1.19** を参照せよ．

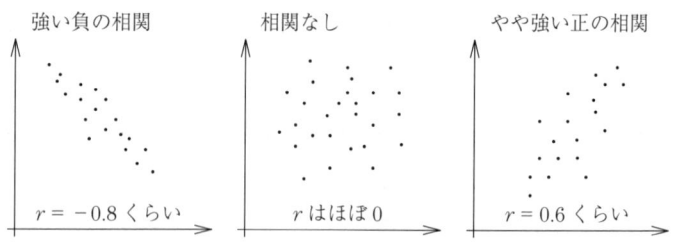

図 **1.19** r と散布図との関係

例 1.6 表 1.1 の（身長，体重）のデータについては，

$$\sum_{i=1}^{55}(x_i - \bar{x})(y_i - \bar{y}) = 1440.2, \quad s_x = 6.794, \quad s_y = 11.34$$

なので，$r = 0.3463$ となる．正の相関をもつが，相関の度合いは強くないことがわかる． ♡

例題 1.3 表 **1.15** は，14ヶ国の廃棄物のリサイクル率（2005年のデータ）

表 1.15 廃棄物のリサイクル率（単位 %）

国	紙・ボール紙	ガラス	国	紙・ボール紙	ガラス
日本	66	90	スイス	74	95
アメリカ	50	22	スウェーデン	74	96
イギリス	56	48	デンマーク	60	70
イタリア	50	62	ドイツ	73	86
オーストラリア	53	38	ノルウェー	71	90
オーストリア	70	83	フィンランド	70	72
オランダ	72	49	フランス	55	62

（統計で見る日本 2008，日本統計協会編　より）

を記したものである．変数 X を紙・ボール紙のリサイクル率，Y をガラスのリサイクル率とする．

(1) X と Y についての散布図を作れ．

(2) 各変数について，平均，標準偏差などを計算し，相関係数を求めよ．

【解答】

(1) 散布図は図 **1.20** のようになる．

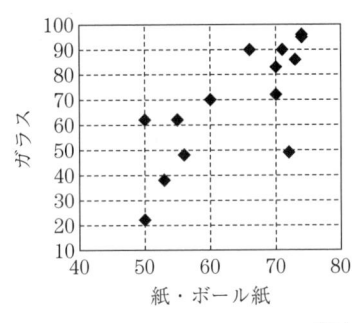

図 1.20 （紙・ボール紙，ガラス）の散布図

(2) 紙・ボール紙については $\bar{x} = \dfrac{894}{14} = 63.86$, $s_x = 9.380$. ガラスについては $\bar{y} = \dfrac{963}{14} = 68.79$, $s_y = 23.02$. また，式 (1.13) の分子は 2137.57 なので

$$r = \frac{2137.57}{13 \times 9.380 \times 23.02} = 0.7615$$

となる．相関は正の相関で，やや強いといえる．すなわち，紙・ボール紙のリサイクル率が高い国はガラスについてもリサイクル率が高いという傾向がわかる．この例題と例 1.6 で，散布図の直線的な度合いと相関係数の値の対応を感覚的につかんでもらいたい． ◇

注意：上の例 1.6（身長や体重のデータ），例題 1.3，および 100 点満点の試験の得点などでは，平均，標準偏差，相関係数など最終的な答としての数値は，0 でない最初の桁から 5 桁目を四捨五入した 4 桁の数（**有効数字** 4 桁という）で表した．もちろん，答を出す途中の計算などは長い桁の計算を使ったほうがよい．2 章以降で現れる確率計算も，分数で表すのが難しいものや割り切れない数の場合は有効数字 4 桁で表すこととする．

国の人口や国家予算のデータのように，元のデータが 8 桁以上になるものについては，データより 2 桁程度長い桁で答を書くのが普通である．

〔例〕 有効数字 4 桁： 　12.5681 → 12.57,　　0.065432 → 0.06543．
　　　有効数字 9 桁： 　65289.37187 → 65289.3719,
　　　　　　　　　　　0.36987333002 → 0.369873330．

さて，定理 1.1 にあるように平均の点 $(\bar{x}, \bar{y})$ を中心にデータが均等に散らばっているときは $r \fallingdotseq 0$ であるが，この逆はいえないことに注意せよ．すなわち，$r \fallingdotseq 0$ であっても無相関であるとはいえないということである．このことを示す典型的な散布図は**図 1.21** である．

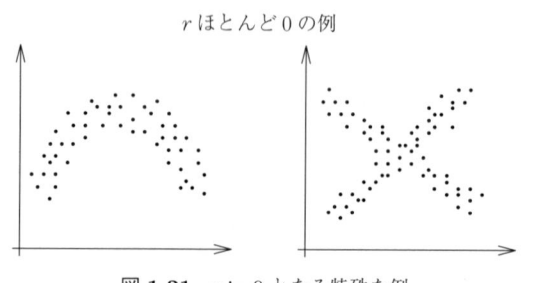

r ほとんど 0 の例

図 1.21　$r \fallingdotseq 0$ となる特殊な例

1.4.2 回 帰 直 線

2 つの変数 X, Y がある程度直線的な関係をもっているとき，X を説明変数，Y を目的変数として X から Y を説明したい．すなわち，変数 Y を大まかに予測するような直線 $Y = a + bX$ を求めたい．もし，このような直線が求まれば，それはデータ全体にフィットするような直線なので，その式を用いて与えられた X の値に対しておおよその Y の値を予測することができる．

さて，直線を決定するため，つぎのような基準で考える（図 **1.22**）．まず，直線を $\hat{y} = a + b(x - \bar{x})$ とおく．この直線とデータ (x_i, y_i) との垂直方向の差 $d_i = y_i - \hat{y}_i = y_i - \{a + b(x_i - \bar{x})\}$ の 2 乗の総和が最小になるように直線を決定したい（定数 a, b を決める）：

$$S(a,b) = \sum_{i=1}^{n} d_i{}^2 = \sum_{i=1}^{n} \{y_i - a - b(x_i - \bar{x})\}^2 \implies \min. \quad (1.15)$$

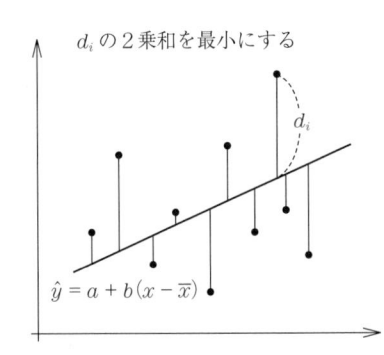

図 **1.22**　最小 2 乗法

このような基準で直線や曲線を決定する方法は**最小 2 乗法**と呼ばれる．2 変数関数 $S(a,b)$ は a, b についての 2 次式でかつ正であるので，必ず最小値をもつ．高校で学んだ 2 次関数の最小問題では，最小値をとる点は微分が 0 になる点であることを知っている．2 変数関数 $S(a,b)$ でも考え方は同じで，S を a で微分した関数 $\dfrac{\partial S}{\partial a}$ と b で微分した関数 $\dfrac{\partial S}{\partial b}$ （このような微分は偏微分と呼ばれる）が共に 0 となる点で最小値をもつ．すなわち

$$\frac{\partial S}{\partial a} = 0, \quad \frac{\partial S}{\partial b} = 0 \quad\quad\quad (1.16)$$

を満たす a, b を求めればよい．a で微分するときは b を定数とみて微分し，b での微分は a を定数とみて微分するので次式を得る：

$$\frac{\partial S}{\partial a} = 2\sum_{i=1}^{n} \{y_i - a - b(x_i - \bar{x})\}(-1) = 0, \quad (1.17)$$

$$\frac{\partial S}{\partial b} = -2\sum_{i=1}^{n} \{y_i - a - b(x_i - \bar{x})\}(x_i - \bar{x}) = 0. \quad (1.18)$$

式 (1.17) の定数を省き n で割ると

$$\frac{1}{n}\sum \{y_i - a - b(x_i - \bar{x})\} = 0 \quad \rightarrow \quad \bar{y} - a - b(\bar{x} - \bar{x}) = 0$$

となり

$$a = \bar{y} \tag{1.19}$$

を得る．また，式 (1.18) は

$$\sum y_i(x_i - \bar{x}) - a\sum (x_i - \bar{x}) - b\sum (x_i - \bar{x})^2 = 0$$

となり，第 2 項が 0, $\sum y_i(x_i - \bar{x}) = \sum (y_i - \bar{y})(x_i - \bar{x})$ に注意すると次式を得る：

$$b = \frac{\sum y_i(x_i - \bar{x})}{\sum (x_i - \bar{x})^2} = \frac{\sum (x_i - \bar{x})(y_i - \bar{y})}{\sum (x_i - \bar{x})^2}. \tag{1.20}$$

結局，データ全体にフィットするような求めたかった直線は

$$\hat{y} = \bar{y} + \frac{\sum y_i(x_i - \bar{x})}{\sum (x_i - \bar{x})^2}(x - \bar{x}) \tag{1.21}$$

となる．この直線を X に対する Y の**回帰直線** (regression line)（または**最小 2 乗直線**）と呼ぶ．

例題 1.4 表 **1.16** はアジア 12 ヶ国の絶滅危惧動植物（哺乳類，は虫類，植物）の種数である．哺乳類の絶滅危惧種数を X, は虫類のそれを Y, 植物のそれを Z として，

(1) 2 種類の変数のペア (X, Y), (X, Z) について散布図を描き，それぞれの相関係数を求めよ．

(2) X に対する Y の回帰直線，X に対する Z の回帰直線を求め，散布図の中にこれらの直線を引け．

表 1.16 絶滅危惧種数

国	哺乳類	は虫類	植物	国	哺乳類	は虫類	植物
日本	37	11	12	スリランカ	21	8	280
イエメン	8	2	159	タイ	38	22	86
イスラエル	15	10	0	台湾	13	8	78
インド	89	25	247	中国	83	31	446
インドネシア	146	27	386	トルコ	18	13	3
カンボジア	27	11	31	ネパール	32	6	7

(世界の統計 2008,総務省統計局 より)

【解答】
(1) 散布図は図 1.23, 図 1.24 となる. $\bar{x} = 43.92$, $s_x = 41.31$,

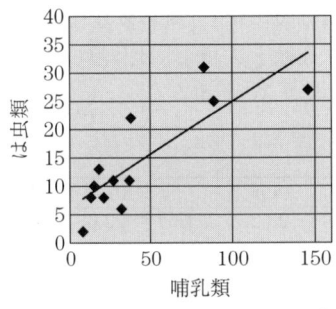

図 1.23 散布図(哺乳類,は虫類)   図 1.24 散布図(哺乳類,植物)

$\bar{y} = 14.5$, $s_y = 9.318$, $\bar{z} = 144.58$, $s_z = 158.51$, $\sum (x_i - \bar{x})(y_i - \bar{y}) = 3502.5$, $\sum (x_i - \bar{x})(z_i - \bar{z}) = 52154.58$ より, (X, Y), (X, Z) の相関係数はそれぞれつぎのようになる:

$$r_{xy} = 0.8272, \quad r_{xz} = 0.7241.$$

(2) $\sum (x_i - \bar{x})^2 = 18770.92$ より, X に対する Y と Z の回帰直線はそれぞれ

$$\hat{y} = 14.5 + 0.1866(x - 43.92), \quad \hat{z} = 144.6 + 2.778(x - 43.92)$$

である. 直線は散布図に書き入れた. ◇

問　題　1.4

問 1. (1) 例 1.6 の（身長，体重）のデータに対して回帰直線を求め，直線を図 1.17 の中に引け．
(2) 例題 1.3 の（紙・ボール紙，ガラス）のデータに対して回帰直線を求め，直線を図 1.20 の中に引け．

問 2. 表 1.1 のデータ（身長，靴の大きさ）に対して，
(1) それぞれの変数について，平均，標準偏差を求めよ．また，$\sum(x_i - \bar{x})(y_i - \bar{y})$ を求め，相関係数を求めよ．
(2) 散布図を描け．また，回帰直線を求め，散布図の中に回帰直線を引け．

問 3. 表 1.17 は，小学校 6 年生から高校 3 年までの女子生徒の体力・運動能力テストの結果である（2006 年度のデータ）．年齢を X とし，上体起しの回数を Y，50 m 走のタイムを Z，立ち幅跳びの距離を W とする．

表 1.17　体力・運動能力テスト（平均）

区　分	11 歳	12 歳	13 歳	14 歳	15 歳	16 歳	17 歳
上体起し〔回〕	19.2	19.9	22.6	23.2	21.5	22.6	23.2
50 m 走〔秒〕	9.2	9.1	8.8	8.7	9.0	9.0	9.0
立ち幅跳び〔cm〕	153.4	162.9	169.2	171.7	166.5	168.8	169.8

（文部科学統計要覧，平成 20 年版より）

表 1.18　喫煙率と肺がん死亡者数

国	喫煙率	死亡者数	国	喫煙率	死亡者数
カナダ	28.2	51.4	ノルウェー	35.0	34.9
スウェーデン	25.8	32.8	デンマーク	44.5	64.3
アメリカ	25.6	57.2	ポーランド	41.5	49.8
オーストラリア	28.6	36.1	メキシコ	25.8	6.5
アイスランド	30.3	42.1	スイス	28.2	36.2
ポルトガル	19.0	27.4	ベルギー	32.0	66.8
ニュージランド	28.0	36.4	ルクセンブルク	33.0	45.6
フィンランド	25.9	37.4	スペイン	35.9	43.6
フランス	30.0	42.6	日本	37.4	39.2
チェコ	26.1	54.6	オランダ	37.0	55.2
ドイツ	31.2	45.8	韓国	34.6	20.6
イタリア	27.8	54.1	アイルランド	30.0	37.9

（世界統計白書 2007 年版，Economic and Social Data Rankings より）

(1) X と Y, X と Z について,相関係数および回帰直線を求め,散布図内に回帰直線を引け.また,18 歳での Y と Z の予測値はいくらになるか.

(2) Z と W について散布図を描け.また,その相関係数および Z に対する W の回帰直線を求めよ.

問 4. 表 1.18 は,主要 24 ヶ国の 1990 年の喫煙率(成人人口のうち,毎日喫煙する人口の割合)と肺がんによる死亡者数(人口 10 万人当りの死亡者数;1995〜2000 年に調査されたデータ)である.

(1) 喫煙率を X,肺がんによる死亡者数を Y として,散布図を描き相関係数を求めよ.

(2) 回帰直線を求め,散布図の中に直線を引け.

問 5. 7 個のデータ $(-2,0), (-2,2), (-1,2), (0,3), (1,2), (2,1), (2,0)$ にフィットする 1 本の 2 次曲線 $\hat{y} = ax^2 + bx + c$ を最小 2 乗法により求めよ.
(ヒント:$S(a,b,c) = \sum (y_i - \hat{y}_i)^2$ を計算し,$\dfrac{\partial S}{\partial a} = 0, \dfrac{\partial S}{\partial b} = 0, \dfrac{\partial S}{\partial c} = 0$ を解け.)

コーヒーブレイク

回帰関係の強さと決定係数

2変数データ (x_i, y_i) については，回帰直線から求めた $\hat{y}_i$ と y_i はズレをもっているのが当たり前であり，このズレが小さいほど回帰式の当てはまりはよく，X に対する Y の回帰は強いことになる．回帰直線のまわりの y_i のばらつきは，残差 $e_i = y_i - \hat{y}_i$ の分散

$$S_e^2 = \frac{1}{n-1}\sum_{i=1}^{n}(y_i - \hat{y}_i)^2$$

で表され，これは回帰関係で説明できない部分の変動を表す．なお，y の分散は

$$S_y^2 = \frac{1}{n-1}\sum_{n=1}^{n}(y_i - \bar{y})^2$$

あり，$S_y^2 - S_e^2$ は回帰関係によって説明できる部分の変動を表していると考えられる．したがって，この値が大きいほど回帰関係は強いといってよい．値 $S_y^2 - S_e^2$ を相対的に見るほうがわかりやすいので，y の分散 S_y^2 で割った値

$$R^2 = \frac{S_y^2 - S_e^2}{S_y^2} = 1 - \frac{\sum(y_i - \hat{y}_i)^2}{\sum(y_i - \bar{y})^2} \tag{1}$$

を回帰の**決定係数**（coefficient of determination）と呼ぶ．一般に $S_y^2 \geqq S_e^2$ なので $0 \leqq R^2 \leqq 1$ は明らかである．R^2 が 1 に近いほど回帰直線の当てはまりがよく，X から Y を説明する精度が高くなる．例えば $R^2 = 0.70$ ならば，Y の変動の 70% が X から説明できると考えてよい．

上で定義した決定係数は，回帰式が直線でも曲線（問題 1.4 の問 5 参照）でも，回帰関係の強さを表す尺度として使うことができる．また，回帰直線の場合，R^2 はつぎのように変形できる：

$$R^2 = \frac{\left\{\sum(x_i - \bar{x})(y_i - \bar{y})\right\}^2}{\sum(x_i - \bar{x})^2 \cdot \sum(y_i - \bar{y})^2} = \frac{\sum(\hat{y}_i - \bar{y})^2}{\sum(y_i - \bar{y})^2}. \tag{2}$$

すなわち，決定係数は相関係数の 2 乗 $R^2 = r^2$ であることがわかる．

問 1. 上の式 (2) を証明せよ．

2 確率と確率分布

推測統計学では,母集団についてある種の結論を導く際,その理論的根拠として確率が用いられる.ここでは,確率についての基礎知識を系統的に述べる.

2.1 事象と確率

2.1.1 標本空間と事象

実験や観察を行うことを**試行** (trial) といい,試行の結果起こり得る状況を**事象** (event) という.それ以上分割できない個々の事象を**根元事象** (elementary event),**単一事象** (simple event) または**標本点** (sample point) といい,根元事象全体の集合は**全事象** (universal event) または**標本空間** (sample space) と呼ばれる.また,根元事象のいくつかの集まりを**複合事象** (composite event) と呼ぶ.根元事象および複合事象は共に標本空間の部分集合である.一般に,根元事象を $e_1, e_2, \cdots, e_k, \cdots$ なる記号で表し,標本空間を Ω と書くと,

$$\Omega = \{e_1, e_2, \cdots, e_k, \cdots\} \tag{2.1}$$

となる.また,複合事象は A, B, U, V などアルファベットの大文字で表すことが多い.

例 2.1 (コインを 3 回投げる実験) 表が出るという事象を H (head),裏が出るという事象を T (tail) で表し,試行の結果を並べると,起こり得る根元事象は

HHH, HHT, HTH, THH, HTT, THT, TTH, TTT

の8つである．これらは集合の記号を用いて

$$e_1 = \{HHH\},\ e_2 = \{HHT\},\ \cdots,\ e_8 = \{TTT\}$$

と表すことができる．また，表が2回出るという事象を A，表が1回出るという事象を B で表すとこれらは複合事象で

$$A = \{e_2, e_3, e_4\} = \{HHT, HTH, THH\},$$

$$B = \{e_5, e_6, e_7\} = \{HTT, THT, TTH\}$$

と書ける． ♡

事象の和や積などの概念についてまとめる．（図 **2.1**）
(1) **和事象** $A \cup B$：事象 A, B のいずれかが起こるという事象
(2) **積事象** $A \cap B$：事象 A と B が共に起こるという事象
(3) **余事象** $\bar{A}$　　：事象 A に対して，A 以外の事象のこと
(4) **空事象** ϕ　　：決して起こらない事象（空集合 ϕ で表される事象）

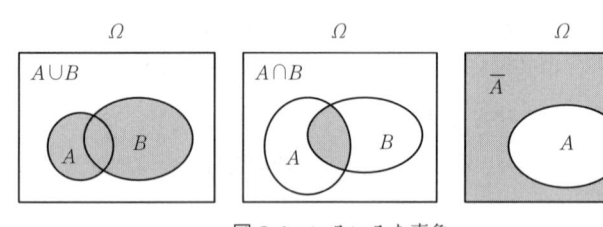

図 **2.1**　いろいろな事象

注意：事象を集合と考え，図2.1のように表した図はベン図（Venn diagram）と呼ばれている．ベン（1834～1923）は英国の論理学者である．標本空間 Ω を点の集合と考え，A, B をその部分集合とみると，それらの和や積（共通部分）を直感的に理解することができる．

A と B が同時に起こることがないとき，$A \cap B = \phi$ と書き A と B はたが

いに**排反**（exclusive）（図 **2.2** 左）であるという．また，事象についてつぎの関係が成り立つ：

(5) $\overline{A \cup B} = \bar{A} \cap \bar{B}$, （図 2.2 右）
(6) $\overline{A \cap B} = \bar{A} \cup \bar{B}$,
(7) $\Omega = A \cup \bar{A}, \quad A \cap \bar{A} = \phi, \quad \bar{\Omega} = \phi.$

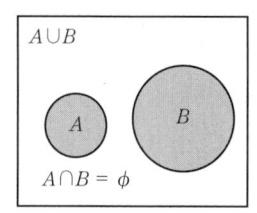

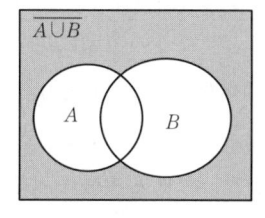

図 **2.2** 排反事象と公式 (5)

例 2.2（サイコロを 1 回投げる実験） 事象 A, B, C を

$A = \{2$ または 4 の目が出る $\}, \quad B = \{$ 奇数の目が出る $\},$

$C = \{6$ の目が出る $\}.$

とする．このとき，A と B，B と C，C と A はそれぞれたがいに排反である．このようなとき，3 つの事象 A, B, C はたがいに排反であるという． ♡

一般に n 個の事象 $A_1, A_2, \cdots, A_n$ の任意の 2 つの事象がたがいに排反のとき，n 個の事象 $A_1, A_2, \cdots, A_n$ はたがいに排反であるという．このとき次式が成り立つのは明らかである：

$A_1 \cap A_2 \cap \cdots \cap A_n = \phi.$

2.1.2 確率の定義，基本性質

コインを 1 回投げたとき，表が出る（H）か裏が出る（T）かはどちらも同程度に期待できる．100 回投げれば，表と裏の出方は 50 回くらいになることが予想できる．すなわち，理論的な相対度数は $\dfrac{1}{2}$ と考えられ，これを表が出る（または裏が出る）**確率**（probability）と考え

$$P(H) = \frac{1}{2}, \quad P(T) = \frac{1}{2}$$

と書く．サイコロ投げにおいても同様のことがいえ，

$$e_i = \{i \text{の目が出る}\}, \quad (i = 1, 2, \cdots, 6)$$

とおいたとき，事象 e_i の起こる確率は $P(e_i) = \frac{1}{6}$ である．

図 **2.3** のように，6つの領域に数字が書いてある回転する円盤に矢を投げる遊び（ダーツ）を考えよう．1と6の領域は円の面積の12分の1，2と5は6分の1，3と4は4分の1である．矢を投げたとき，どこに突き刺さるかはそれぞれの数字が書いてある領域の面積に比例すると考えられるので，刺さる場所を i，$(i = 1, 2, \cdots, 6)$（この番号を事象とする）としたとき，

$$P(1) = P(6) = \frac{1}{12}, \quad P(2) = P(5) = \frac{1}{6}, \quad P(3) = P(4) = \frac{1}{4}$$

となる．すなわち，事象 i の起こる確率は相対的な面積と考えてよい．つぎに，平面上に針を落とす実験（図 **2.4**）を考えよう．針先が示す方向と x 軸とのなす角を Θ（数学で習うベクトルと x 軸のなす角と同じ）としたとき，Θ は $[0, 2\pi)$ 区間の任意の値をとり得る．このような変数に対しては，Θ がある範囲 $\alpha \leqq \Theta \leqq \beta$ に入る確率を $P(\alpha \leqq \Theta \leqq \beta)$ と書くことにすれば，全角度 2π に対する比率から

$$P(\alpha \leqq \Theta \leqq \beta) = \frac{\beta - \alpha}{2\pi}, \qquad (0 \leqq \alpha \leqq \beta \leqq 2\pi). \tag{2.2}$$

と定義することができる．この定義では，Θ が1つの定数に等しくなる確率は

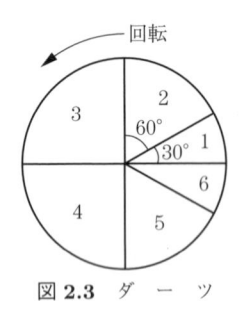

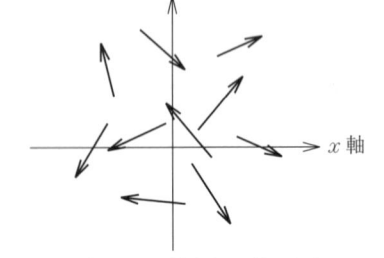

図 **2.3** ダーツ　　　　　図 **2.4** x 軸からの針の角度

0 である．例えば，$P\left(\Theta = \dfrac{\pi}{2}\right) = 0$．なぜならば，式 (2.2) で $\alpha = \beta = \dfrac{\pi}{2}$ と考えればよい．

注意：Θ は次節で学ぶ連続型確率変数であり，サイコロの目やコインの裏・表が示すような離散型変数とは異なる．

さて，少し歪んだサイコロや意図的におもりが埋め込まれたサイコロなどは特定の目が出やすくなり，目の出方が "同程度に期待できる" という条件は成り立たなくなる．このようなサイコロの確率はどのように定義するのが妥当であろうか．常識的には，多数回（例えば 10 万回）サイコロを転がし，出た目の相対度数をとれば真の確率に近い値になることが予想できる．このように，経験的な相対度数で確率を定義することもあり得る．

例 2.3 表 2.1 は，日本人約 446 万人の血液型を調べたデータである．日本人全体に対する各血液型の真のパーセンテージはもちろんわからないので，この表の相対度数を確率とみなすことにする．いま，500 人の血液提供者がいたとき，B 型の者が何人くらいいるかは $500 \times 0.222 = 111$ より，約 111 名くらいであることがわかる．このような数値は採血する側にとって必要なものである．

表 **2.1** 血液型の統計（2001 年）

血液型	A	B	AB	O
相対度数[%]	38.7	22.2	9.9	29.2

（福島県赤十字血液センター資料より）

♡

上の例などの考察より，事象の確率をつぎのように 3 通りの方法で定義する．

定義 2.1

(1) **算術的確率**（arithmetical probability）： 全事象 Ω が n 個の根元事象からなり，どの根元事象が起こることも同程度に期待できるとき，事象 A がそのうちの a 個の根元事象からなれば，事象 A が起こる確率は

$$P(A) = \frac{a}{n} \tag{2.3}$$

である．

(2) **幾何学的確率**（geometrical probability）： 全事象 Ω が有限個または無限個の根元事象からなり，その根元事象の起こり方が標本空間 Ω に含めるその根元事象の割合によって定められるとき，複合事象 A の起こる確率は

$$P(A) = \frac{M(A)}{M(\Omega)} \tag{2.4}$$

である．ただし，$M(\Omega), M(A)$ はそれぞれ Ω, A の測度（角度，面積，体積，長さ，時間など）である．

(3) **経験的確率**（experimental probability）： 一定の条件の下で，試行を n 回繰り返し，ある事象 A の起こった回数を $n(A)$ とする．n を大きくするとき，相対度数 $\dfrac{n(A)}{n}$ が一定の値 p に近づくならば，A の起こる確率を p とする．すなわち

$$P(A) = \lim_{n \to \infty} \frac{n(A)}{n} = p. \tag{2.5}$$

例題 2.1 2つのサイコロ A, B を投げる実験において，

(1) 標本空間を示し，各根元事象の確率を求めよ．
(2) 事象 $C = \{$ ぞろ目が出る $\}$, $D = \{$ 目の和が 6 $\}$ の確率を求めよ．
(3) 事象 $E = \{$ 目の和が偶数 $\}$, $F = \{$ 共に 4 以上の目が出る $\}$ の確率を求めよ．

【解答】

(1) 根元事象 ij $(i, j = 1, 2, \cdots, 6)$ を

$$ij = \{ \text{A の目が } i, \text{B の目が } j \}$$

と定義すると，図 **2.5** に示すように 36 個あり，これらの集合が標本空間 Ω である．各根元事象の確率は $P(ij) = \dfrac{1}{36}$ である．

A\B	1	2	3	4	5	6
1	11	12	13	14	15	16
2	21	22	23	24	25	26
3	31	32	33	34	35	36
4	41	42	43	44	45	46
5	51	52	53	54	55	56
6	61	62	63	64	65	66

Ω 全事象

図 **2.5** 標本空間 Ω

(2) ぞろ目は $\{11, 22, 33, 44, 55, 66\}$ の 6 個の事象なので，$P(C) = \dfrac{1}{6}$. また，$D = \{15, 24, 33, 42, 51\}$ なので $P(D) = \dfrac{5}{36}$.

(3) $E = \{\,$共に偶数$\,\} \cup \{\,$共に奇数$\,\}$ であり，根元事象の半分がこれに属すので $P(E) = \dfrac{1}{2}$. また，F に属す根元事象は，右下隅の 9 個なので $P(F) = \dfrac{1}{4}$. $\diamond$

定理 2.1 確率について，以下の性質が成り立つ．

(1) 任意の事象 A に対して $0 \le P(A) \le 1$.

(2) 全事象 Ω と空事象 ϕ に対して $P(\Omega) = 1,\ P(\phi) = 0$.

(3) $P(A) + P(\bar{A}) = 1$.

(4) **排反事象の加法定理**：A と B がたがいに排反のとき，
$$P(A \cup B) = P(A) + P(B). \tag{2.6}$$

(5) **一般の加法定理**
$$P(A \cup B) = P(A) + P(B) - P(A \cap B). \tag{2.7}$$

(6) $A_1, A_2, \cdots, A_n$ がたがいに排反のとき，
$$P(A_1 \cup A_2 \cup \cdots \cup A_n) = P(A_1) + P(A_2) + \cdots + P(A_n). \tag{2.8}$$

証明 確率の定義 (1) を用いて証明する．他の定義でも同様に証明できる．

(1) A が a $(0 \leq a \leq n)$ 個の単一事象からなるとすると $0 \leq \frac{a}{n} \leq 1$ より明らか．

(2) 全事象は n 個の単一事象からなるので $P(\Omega) = \frac{n}{n} = 1$．また，空事象は事象がなにもないので $P(\phi) = \frac{0}{n} = 0$．

(3) $\bar{A}$ は $(n-a)$ 個の単一事象からなるので，$P(A) + P(\bar{A}) = \frac{a}{n} + \frac{n-a}{n} = 1$．

(4) A, B はそれぞれ a 個，b 個の単一事象からなるとする．$A \cap B = \phi$ のとき，A, B は共通の単一事象をもたないので，$A \cup B$ は $(a+b)$ 個の単一事象からなる．したがって
$$P(A \cup B) = \frac{a+b}{n} = \frac{a}{n} + \frac{b}{n} = P(A) + P(B).$$

(5) $A \cap B \neq \phi$ であって，$A \cap B$ が r 個の単一事象からなるとすると，$A \cup B$ に含まれる単一事象の数は，$(a+b-r)$ 個である．よって
$$P(A \cup B) = \frac{a+b-r}{n} = \frac{a}{n} + \frac{b}{n} - \frac{r}{n} = P(A) + P(B) - P(A \cap B).$$

(6) $A_1, A_2, \cdots, A_n$ の任意の 2 つの事象は共通な単一事象をもたないことから，(4) と同様にして式 (2.8) が導かれる． □

さて，一般の加法定理では $P(A \cap B)$ が使われている．この確率は単独で簡単にわかることもあるが，より一般的な性質を考えよう．最初に，条件つき確率という概念を導入する．

定義 2.2 事象 A が空事象でないとき，事象 A が起こったという条件の下で事象 B の起こる確率を $P(B|A)$ と書き，事象 A の下での**条件つき確率**と呼ぶ．この確率は次式で定義される：

$$P(B|A) = \frac{P(A \cap B)}{P(A)}. \tag{2.9}$$

算術的確率の定義でこの条件つき確率を説明する．事象 A は a 個 $(a \neq 0)$ の単一事象，事象 B は b 個の単一事象からなり，A と B に共通な単一事象が r 個あるとする．A が起こったという条件の下ではつぎのことがわかる：

$$P(B|A) = \frac{r}{a} = \frac{\frac{r}{n}}{\frac{a}{n}} = \frac{P(A \cap B)}{P(A)}.$$

式 (2.9) からつぎの**確率の乗法定理**を得る：

$$P(A \cap B) = P(A)P(B|A). \tag{2.10}$$

同様に，$P(A \cap B) = P(B)P(A|B)$ も成り立つ．

つぎに，事象が独立であるという概念にふれる．

定義 2.3　2 つの事象 A, B があって，一方の事象の起こることが他方の事象の起こる確率に何の影響も与えないとき，すなわち，

$$P(B|A) = P(B) \quad \text{または} \quad P(A|B) = P(A) \tag{2.11}$$

が成り立つとき，事象 A と B はたがいに**独立**（independent）であるという．

事象 A と B がたがいに独立のとき，式 (2.10) よりつぎの**独立事象の乗法定理**を得る：

$$P(A \cap B) = P(A)P(B). \tag{2.12}$$

例 2.4　（独立事象の例）

(1) サイコロを 2 回投げるとき，2 つの事象 $A = \{1$ 回目に 1 の目が出る $\}$ と $B = \{2$ 回目に 1 の目が出る $\}$ はたがいに独立である．

(2) 4 個の白球と 2 個の赤球が入っているつぼから，1 球を無作為に取り出すという試行を繰り返す．ただし，取り出した球はその都度つぼに戻すとする．

$$A = \{1\ \text{回目に赤球が出る}\}, \ B = \{2\ \text{回目に白球が出る}\},$$
$$C = \{3\ \text{回目に赤球が出る}\}$$

なる3つの事象について，任意の2つの事象は独立である．このようなとき，これらの事象は **2つずつ独立である**という．

(3) 2人の子供をもつ家族を1つ選んだとき，2つの事象

$A = \{1$番目の子供が男である$\}$ と $B = \{2$番目の子供が女である$\}$

はたがいに独立と考えられる． ♡

さて，ここで公式の使い方などをつぎの例題で練習しよう．

例題 2.2 袋の中に，1から5までの番号の付いた白球5個と，6と7の番号の付いた赤球2個が入っている．この袋から同時に2個の球を取り出すとき，つぎの事象の確率を求めよ．

(1) $A = \{2$個とも白球$\}$, $B = \{2$個とも赤球$\}$.

(2) $C = \{$奇数番号の白球と偶数番号の赤球$\}$.

(3) $D = \{2$つの球の数の和が6以上$\}$.

(4) 取り出された2球の数の和が6以上だったとして，

$E = \{$赤球が少なくとも1個ある$\}$.

【解答】 起こり得る単一事象の総数は $_7C_2 = 21$ であり，ここでの確率は，単一事象の数を数える算術的確率ですべて計算できる．

(1) $P(A) = \dfrac{_5C_2}{21} = \dfrac{10}{21}$. 同様に $P(B) = \dfrac{_2C_2}{21} = \dfrac{1}{21}$.

(2) C を単一事象で表すと $C = \{16, 36, 56\}$ となるので，$P(C) = \dfrac{1}{7}$.

(3) D の余事象，すなわち，数の和が5以下の事象 $\bar{D}$ を考えると $\bar{D} = \{12, 13, 14, 23\}$ なので， $P(D) = 1 - P(\bar{D}) = 1 - \dfrac{4}{21} = \dfrac{17}{21}$.

(4) (3)の条件つき確率 $P(E|D)$ を求めればよい．
$E \cap D = \{16, 26, \cdots, 56, 17, 27, \cdots, 57, 67\}$, (11個の単一事象) なので，

$$P(E|D) = \frac{P(E \cap D)}{P(D)} = \frac{\frac{11}{21}}{\frac{17}{21}} = \frac{11}{17}.$$

◊

問 1. 1, 2, 3, 4, 5 の 5 個の数字から 1 つの数字を取り出し，つぎに残りの 4 個の数字から 1 つの数字を取り出すとき，つぎの確率を求めよ．
　(1) 1 回目に取り出された数字が奇数である．
　(2) 2 回目に取り出された数字が奇数である．
　(3) 2 回とも奇数が取り出される．

問 2. A, B, C の 3 人がこの順番に 1 個のコインを投げて，最初に表を出した者を勝ちとする．A, B, C それぞれの勝つ確率を求めよ．

コーヒーブレイク

順列と組合せ
(1) 異なる n 個のものから，r 個取り出して並べる並べ方の総数は

$$_nP_r = n(n-1)(n-2)\cdots(n-r+1) \tag{3}$$

であり，これを n 個から r 個とる**順列**（permutation）と呼ぶ．なぜこのような数になるかは，つぎのように考えればよい：
　　席を r 個用意しておく．第 1 の席に 1 つのものを置く置き方は n 通りあり，つぎに第 2 の席に置く置き方は $n-1$ 通りある．ここまでで，$n \times (n-1)$ 通りの置き方があることになる．これを r 回繰り返すので式 (3) のような値になる．

異なる n 個のものすべてを選んで並べる並べ方は

$$_nP_n = n(n-1)\cdots 2\cdot 1 = n!. \tag{4}$$

また，計算の途中で $_nP_0$ や 0! などが出てくることがあるが

$$_nP_0 = 1, \quad 0! = 1 \tag{5}$$

と定義してよい（なにも矛盾を生じない）．

(2) 異なる n 個のものから r 個選ぶ選び方（r 個の組）の総数は

$$_nC_r = \frac{n(n-1)\cdots(n-r+1)}{r!} \tag{6}$$

となり，これを n 個から r 個とる**組合せ**（combination）と呼ぶ．これは，取り出した r 個のものの並べ方を考えなくてよいので，$_nP_r$ を $r!$ で割ればよいことからわかる．また，

$$_nC_0 = 1 \tag{7}$$

と定義する．組合せの数についてはつぎのような公式が成り立つ：

$$_nC_r = {}_nC_{n-r}, \quad (0 \leq r \leq n) \quad [\text{対称性}] \tag{8}$$

$$_nC_r = {}_{n-1}C_{r-1} + {}_{n-1}C_r, \quad (1 \leq r \leq n-1,\ 2 \leq n) \tag{9}$$

$$\sum_{k=0}^{n} {}_nC_k = 2^n. \tag{10}$$

順列，組合せは確率計算の中でよく使われるので，上のような公式は知っておいたほうがよい．

問 2. 式 (8),(9),(10) を証明せよ．

組合せの数 $_nC_r$ は**二項係数**とも呼ばれているが，一般の二項係数は，α を実数，r を非負の整数として

$$\binom{\alpha}{r} = \frac{\alpha(\alpha-1)(\alpha-2)\cdots(\alpha-r+1)}{r!} \quad (r \geq 0) \tag{11}$$

と定義される．α が自然数 n のとき，組合せの数と一致する．二項係数はつぎのようなマクローリン展開式に使うと便利である．

例 1. 関数 $f(x) = \sqrt{1+x} = (1+x)^{\frac{1}{2}}$ をマクローリン展開すると，θ は $0 < \theta < 1$ を満たす適当な値として

$$\sqrt{1+x} = 1 + \binom{\frac{1}{2}}{1}x + \binom{\frac{1}{2}}{2}x^2 + \cdots + \binom{\frac{1}{2}}{n-1}x^{n-1} + \binom{\frac{1}{2}}{n}x^n(1+\theta x)^{\frac{1}{2}-n}.$$

と表される． ♡

2.1.3 ベイズの公式

ここでは，条件つき確率の 1 つの応用として知られているベイズの公式を示す．つぎのような，引き続いて起こる 2 段階実験を考える：

[1 段目]……事象 $A_1, A_2, \cdots, A_k$ のいずれかが起こる．

$P(A_i)$ $(i=1,2,\cdots,k)$ は既知とする.

[2段目]……事象 $O_1, O_2, \cdots, O_l$ のいずれかが起こる.

$P(O_j|A_i)$ $(i=1,2,\cdots,k,\ j=1,2,\cdots,l)$ は既知とする.

[観　察]……観察者は O_1 が起こったことを観察した.

このような条件の下で,1段目の実験で A_1 が起こった確率を求めよう.求めたい確率は $P(A_1|O_1)$ なので,

$$P(A_1|O_1) = \frac{P(A_1 \cap O_1)}{P(O_1)} \tag{2.13}$$

を計算すればよい.右辺の分子と分母をわかっている確率で書くと

$$P(A_1 \cap O_1) = P(A_1)P(O_1|A_1) \tag{2.14}$$

$$P(O_1) = P(A_1 \cap O_1) + P(A_2 \cap O_1) + \cdots + P(A_k \cap O_1) \tag{2.15}$$

$$= \sum_{m=1}^{k} P(A_m)P(O_1|A_m) \tag{2.16}$$

となるので,求める確率は

$$P(A_1|O_1) = \frac{P(A_1)P(O_1|A_1)}{\displaystyle\sum_{m=1}^{k} P(A_m)P(O_1|A_m)} \tag{2.17}$$

である.一般に,事象 O_j が起こったことを観察して,1段目で事象 A_i が起こっている確率は次式で与えられる(**ベイズの公式**(Bayes' formula)):

$$P(A_i|O_j) = \frac{P(A_i)P(O_j|A_i)}{\displaystyle\sum_{m=1}^{k} P(A_m)P(O_j|A_m)}. \tag{2.18}$$

例題 2.3 ある病気 A にかかっているか否かを診断するコンピューター診断があり,本当に病気 A にかかっている人に対しては 95％の確率で正しい診断をし,別の病気 B にかかっている人に対しては 10％の誤診,健康な人に対しては 3％の誤診があるという.いま,病気 A にかかっている人

が 40%，病気 B にかかっている人が 30%，健康な人が 30% の 1 つの集団があるとする．この集団から任意に選ばれた 1 人がコンピューター診断を受け，病気 A であると診断されたとする．この人が本当に病気 A にかかっている確率はいくらか．

【解答】 いくつかの事象を定義する：

$E_1 = \{$ 病気 A にかかっている $\}$, $E_2 = \{$ 病気 B にかかっている $\}$,
$E_3 = \{$ 健康である $\}$, $O = \{$ 病気 A と診断される $\}$.

求めたい確率は $P(E_1|O)$ である．ベイズの公式を用いて

$$P(E_1|O) = \frac{P(E_1)P(O|E_1)}{P(E_1)P(O|E_1) + P(E_2)P(O|E_2) + P(E_3)P(O|E_3)}$$
$$= \frac{0.4 \times 0.95}{0.4 \times 0.95 + 0.3 \times 0.1 + 0.3 \times 0.03} = 0.9069$$

となる．90% の確率があるので，実際にこのようなコンピューター診断があれば，役に立つであろう．ベイズの公式を使った上のような計算は，図 **2.6** に示す**確率の木**（probability tree）を描いて計算すると簡単である．

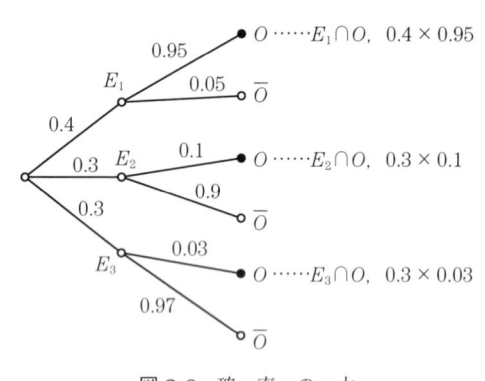

図 **2.6** 確 率 の 木

◇

問 3. 箱 A には赤球 4 個と白球 1 個，箱 B には赤球 2 個と白球 2 個，箱 C には赤球 1 個と白球 2 個が入っている．箱を勝手に選び球を 1 個取り出すとする．つぎの事象の確率を求めよ．
 (1) 箱 B の白球が取り出される． (2) 白球である．
 (3) 白球だったとして，箱 C のものである．

> **コーヒーブレイク**

3つの事象の独立

3つの事象 A, B, C において,つぎのことが成り立つ

(1) A と B が独立,B と C が独立であっても,A と C が独立とは限らない.

例1. 2個のサイコロ S, T を同時に投げたとき,S の目の数を X,T の目の数を Y として 3 つの事象を

$A = \{$ サイコロ S について $X \leqq 2$ $\}$,
$B = \{$ サイコロ T について $Y \geqq 5$ $\}$,
$C = \{$ サイコロ S, T について $2 \leqq X \leqq 5, 3 \leqq Y \leqq 5$ $\}$

とおく.このとき,図 2.5 の全事象 Ω の単一事象を数えることにより

$$P(A) = \frac{1}{3}, \quad P(B) = \frac{1}{3}, \quad P(C) = \frac{1}{3}$$

は明らかである.一方

$P(A \cap B) = \dfrac{4}{36} = \dfrac{1}{9} = P(A)P(B)$, $\quad P(B \cap C) = \dfrac{4}{36} = \dfrac{1}{9} = P(B)P(C)$,

$P(A \cap C) = \dfrac{3}{36} = \dfrac{1}{12} \neq P(A)P(C)$.

(2) A, B, C の任意の 2 つが独立でも,$P(A \cap B \cap C) = P(A)P(B)P(C)$ が成り立つとはかぎらない.

例2. 例 1. と同じ条件の下で,

$A = \{$S の目が奇数 $\}$,$\quad B = \{$T の目が奇数 $\}$,
$C = \{$S, T の目の和が奇数(一方の目が奇数,他方が偶数)$\}$

とすると,$P(A) = P(B) = P(C) = \dfrac{1}{2}$ であり,

$P(A \cap B) = \dfrac{9}{36} = \dfrac{1}{4} = P(A)P(B)$, $\quad P(B \cap C) = \dfrac{9}{36} = \dfrac{1}{4} = P(B)P(C)$,

$P(A \cap C) = \dfrac{9}{36} = \dfrac{1}{4} = P(A)P(C)$

となるが,事象 A, B, C は同時に起こることがないので $P(A \cap B \cap C) = 0$ である.

上の 2 つの例(文献 [1],p.78 より引用)から,**3 つの事象が独立**という概念は難しいものであることがわかる.正確にはつぎのように定義しなければならない.

① $P(A \cap B) = P(A)P(B)$,　② $P(B \cap C) = P(B)P(C)$,
③ $P(A \cap C) = P(A)P(C)$,　④ $P(A \cap B \cap C) = P(A)P(B)P(C)$

が成り立つとき,3 つの事象 A, B, C はたがいに独立であるという.

問　題　2.1

問 1. 5組の夫婦の中から3人の委員を選ぶとして，夫婦がそろって入選しない確率を求めよ．また，4人の委員を選ぶとき，夫婦がそろって入選しない確率を求めよ．

問 2. 3枚のコインを同時に投げて，裏が出たものを取り去り，つぎに，残っているコインがあればそれらを同時に投げて，裏が出たものを取り去る．この手続きを繰り返す．ただし，コインが残っていても5回目を投げて終わりとする．
(1) 5回目を投げることがない確率を求めよ．
(2) 4回目を投げてちょうど全部のコインがなくなる確率を求めよ．
(3) 4回目を投げて1枚のコインが残っている確率を求めよ．

問 3. つぼの中に赤球が3個，黒球が2個，白球が1個入っている．このつぼから1球を取り出して色を見た後，取り出した球を元へ戻すとともに，同じ色の球をさらに2個つぼの中へ入れるとする．この試行を3回繰り返す．$R_k = \{k$ 回目に赤球が出る$\}$，$B_k = \{k$ 回目に黒球が出る$\}$，$W_k = \{k$ 回目に白球が出る$\}$ $(k = 1, 2, 3)$ として，つぎの事象の確率を求めよ．
(1) 1回目に黒球かつ2回目に赤球が出る $(B_1 \cap R_2)$．
(2) 2回目に赤球が出る (R_2)．
(3) 2回目に赤球が出たとして，1回目が赤球であった $(R_1|R_2)$．
(4) 2回目に赤球かつ3回目に黒球が出る $(R_2 \cap B_3)$．

問 4. ある製品は3つの工場 A, B, C で，それぞれ製品全体の 50％，30％，20％を製造している．A, B, C の各工場の製品のうち，それぞれ 3％，4％，6％が不良品であるという．製品全体からランダムに1個を選んだとき，それが不良品であった．
(1) 工場 A の製品である確率を求めよ．
(2) 工場 C の製品である確率を求めよ．

問 5. （文献 [4], p.46 より）集団健康診断において，ある病気にかかっているかどうかを調べるため検査を行った．ここで，ある病気にかかっているという事象を A，検査で陽性と出る事象を B とする．この検査では，病気にかかっている人が正しく陽性と出る確率 $P(B|A)$ は 99％，病気ではないのに検査で誤って陽性と出てしまう確率 $P(B|\bar{A})$ は 10％であるという．つぎの2つの場合について答えよ．
(1) 年齢に関係なく一般の人を対象に健康診断を行ったので，病気にかかっ

ている確率は，日本人全体の資料から2％と考えられる．ある人が検査で陽性と出た場合，病気である確率 $P(A|B)$ はいくらか．

(2) この病気は高齢者に多い成人病であり，しかも，検査を受けた人は全員55歳以上であった．したがって，病気にかかっている確率は (1) の場合よりも高く，20％と考えられる．ある人が検査で陽性と出た場合，病気である確率 $P(A|B)$ はいくらか．

2.2 確率変数と確率分布

確率変数の定義は既に1章で示したが，ここではより一般的な定義を述べ，定量的な確率変数の性質，平均および分布関数などについて考える．

2.2.1 離散型確率変数

最初に，確率変数とはなにか，一般的な定義を述べる．

定義 2.4 標本空間 Ω が有限個の事象で $\Omega = E_1 \cup E_2 \cup \cdots \cup E_k$ と表されていて，$P(E_i) = p_i \; (i = 1, 2, \cdots, k)$ であるとする．各事象 E_i に1つの実数値 x_i が対応するとき，すなわち

$$x_i = f(E_i), \quad (i = 1, 2, \cdots, k) \tag{2.19}$$

が成り立つとき，この対応を $X = f(E)$ と書き，X を**離散型確率変数**と呼ぶ．X の取り得る値は，$x_1, x_2, \cdots, x_k$ の k 個である．

注意：上の定義の E_i は無限個の場合でも同様に定義できる．

確率変数 X と事象（すなわち，x_i と）は1対1に対応しているので，X が値 x_i をとる確率は

$$P(X = x_i) = P(x_i) = p_i, \quad (i = 1, 2, \cdots, k) \tag{2.20}$$

と書ける．式 (2.20) や図 **2.7** に示した取り得る値と確率との対応表（またはこ

取り得る値と確率の対応表							
X	x_1	x_2	x_3	...	x_i	...	x_k	計
$P(X=x_i)$	p_1	p_2	p_3	...	p_i	...	p_k	1

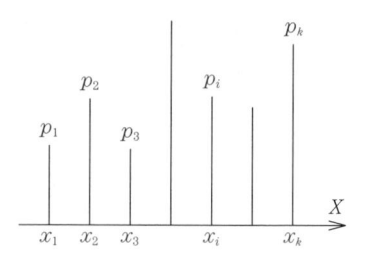

図 2.7 確 率 分 布

れのグラフ表示) を X の**確率分布** (probability distribution) と呼ぶ．分布があれば，それらの平均や分散などが考えられる．

定義 2.5 離散型確率変数 X の**平均** μ を，X の**期待値** $E(X)$ (expected value) といい，つぎの式で定義する：

$$\mu = E(X) = \sum_{i=1}^{k} x_i p_i. \tag{2.21}$$

また，X の**分散** σ^2 (variance) を $V(X)$ と表し，つぎの式で定義する：

$$\sigma^2 = V(X) = \sum_{i=1}^{k} (x_i - \mu)^2 p_i. \tag{2.22}$$

分散の平方根 $\sigma = \sqrt{V(X)}$ を X の**標準偏差**という．

注意：上の期待値と分散は，度数分布表から計算される平均 $\bar{x}$ と分散 s^2 の式に似ていることに注意せよ：

$$\bar{x} = \sum_{i=1}^{k} x_i \frac{f_i}{n}, \quad s^2 = \sum_{i=1}^{k} (x_i - \bar{x})^2 \frac{f_i}{n-1}.$$

例題 2.4 コインを 3 回投げる実験に対して，X を"表の出る回数"とおくとき X の確率分布および $E(X)$ と $V(X)$ を求めよ．

【解答】 X の取り得る値は $0, 1, 2, 3$ で，$P(0) = P(3) = \dfrac{1}{8}$, $P(1) = P(2) = \dfrac{3}{8}$ である（図 **2.8**）．また，期待値と分散は

$$E(X) = 0 \times \frac{1}{8} + 1 \times \frac{3}{8} + 2 \times \frac{3}{8} + 3 \times \frac{1}{8} = \frac{3}{2},$$

$$V(X) = \left(0 - \frac{3}{2}\right)^2 \times \frac{1}{8} + \left(1 - \frac{3}{2}\right)^2 \times \frac{3}{8} + \left(2 - \frac{3}{2}\right)^2 \times \frac{3}{8}$$
$$+ \left(3 - \frac{3}{2}\right)^2 \times \frac{1}{8} = \frac{3}{4}.$$

期待値とは，文字どおり"試行の結果として期待される X の値のこと"である．ここでは，1.5 回（すなわち平均）が期待される値であるということをいっている．

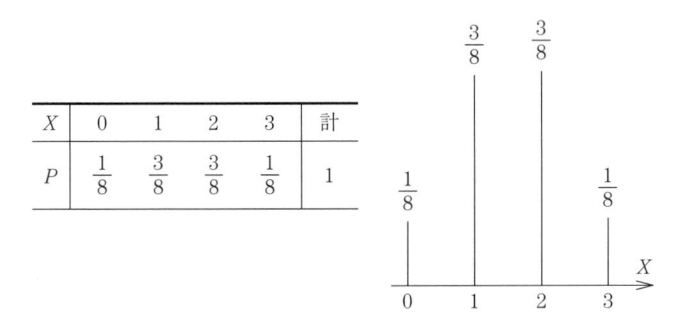

X	0	1	2	3	計
P	$\dfrac{1}{8}$	$\dfrac{3}{8}$	$\dfrac{3}{8}$	$\dfrac{1}{8}$	1

図 **2.8** 表の出る回数 X

$\Diamond$

問 4. 2 つのサイコロを投げる実験（例題 2.1 参照）において，X を "2 つのサイコロの目の和" としたとき，X の確率分布および $E(X), V(X)$ を求めよ．

確率変数 X に対して，これの関数 $aX + b, (X - c)^2$ などは確率計算の中でよく出てくる．もちろんこれらも確率変数である．一般に，確率変数 X の関数 $g(X)$ も確率変数である．いま，$g(X)$ の取り得る値が k 個の異なる値

$$g(x_1), g(x_2), \cdots, g(x_k)$$

のとき，次式が成り立つのは明らかである：

$$P(g(X) = g(x_i)) = P(X = x_i) = p_i, \quad (i = 1, 2, \cdots, k).$$

このとき,確率変数 $g(X)$ の期待値は次式で定義できる:

$$E(g(X)) = \sum_{i=1}^{k} g(x_i)p_i. \tag{2.23}$$

期待値と分散の性質を以下に示す.

定理 2.2　X, Y は独立な確率変数,a, b は定数とする.このとき

(1)　$E(aX + b) = aE(X) + b$,

(2)　$E(X + Y) = E(X) + E(Y)$,

(3)　$V(aX + b) = a^2 V(X)$,

(4)　$V(X + Y) = V(X) + V(Y)$,

(5)　$V(X) = E((X - E(X))^2) = E(X^2) - \mu^2$.

が成り立つ.

注意:

1. X と Y が**独立**とは,任意の x_i, y_j に対して,X が x_i に等しくかつ Y が y_j に等しくなる確率について

$$P(X = x_i, Y = y_j) = P(X = x_i)P(Y = y_j)$$

が成り立つときをいう.

2. 定理の X, Y は,それぞれの関数 $g(X)$,$h(Y)$ で置き換えても成り立つことは,証明の中身を見れば明らかである.例えば,(1) はつぎのようになる:

$$E(ag(X) + b) = aE(g(X)) + b.$$

証明　確率変数 Y の取り得る値は $y_1, y_2, \cdots, y_l$ で,$P(y_j) = q_j$ とする.また,$E(Y) = \nu$ とおく.

(1)　$E(aX + b) = \sum_{i=1}^{k}(ax_i + b)p_i = a\sum_{i=1}^{k} x_i p_i + b\sum_{i=1}^{k} p_i = aE(X) + b.$

(2)　$E(X + Y) = \sum_{i=1}^{k}\sum_{j=1}^{l}(x_i + y_j)p_i q_j = \sum_{i=1}^{k}\left(x_i p_i \sum_{j=1}^{l} q_j + p_i \sum_{j=1}^{l} y_j q_j\right)$

$= \sum_{i}(x_i p_i + p_i E(Y)) = E(X) + E(Y).$

(3) $V(aX+b) = \sum_i (ax_i + b - a\mu - b)^2 p_i = \sum_i a^2 (x_i - \mu)^2 p_i = a^2 V(X)$.

(4) $V(X+Y) = \sum_i \sum_j (x_i + y_j - \mu - \nu)^2 p_i q_j$

$= \sum_i \sum_j (x_i - \mu + y_j - \nu)^2 p_i q_j$

$= \sum_i \sum_j \left\{ (x_i - \mu)^2 + 2(x_i - \mu)(y_j - \nu) + (y_j - \nu)^2 \right\} p_i q_j$

$= \sum_i \left\{ (x_i - \mu)^2 p_i \sum_j q_j + 2(x_i - \mu) p_i \sum_j (y_j - \nu) q_j + p_i \sum_j (y_j - \nu)^2 q_j \right\}$

$\left(\sum_j (y_j - \nu) q_j = \sum_j y_j q_j - \nu \sum_j q_j = \nu - \nu = 0 \text{ となるので} \right)$

$= \sum_i \left\{ (x_i - \mu)^2 p_i + p_i V(Y) \right\} = V(X) + V(Y)$.

(5) $V(X) = \sum_i (x_i - E(X))^2 p_i = E((X - E(X))^2) = \sum (x_i^2 - 2\mu x_i + \mu^2) p_i$

$= \sum x_i^2 p_i - 2\mu \sum x_i p_i + \mu^2 = E(X^2) - \mu^2$. □

例題 2.5 寄付金を集めることを目的にした，賞金付きの連続した 2 つのゲームがある．参加者は 10 ドル払って 2 つのゲームに挑戦できる．賞に当たるか当たらないかに関係なく，参加賞 1 ドルは全員がもらえるとする．

［1 回目のゲーム］ 2 個のサイコロを投げ，ぞろ目が出たときのみその目の数の 3 倍の賞金（ドル）がもらえる．例えば，サイコロの目が 44 のとき，賞金は 12 ドルである．

［2 回目のゲーム］ 3 個のコインを投げ，表が出たコインの枚数の 2 乗の賞金がもらえる．例えば，表が 2 枚出たとき，賞金は 4 ドルである．

(1) もらえる賞金額の総額を T として，T の期待値と分散を求めよ．
(2) 賞金が 20 ドル以上もらえる確率を求めよ．
(3) 参加賞の 1 ドルしかもらえない確率を求めよ．

【解答】

(1) 最初のゲームでは，ぞろ目が出る事象は 36 通りの中の 6 つである．それ以外の事象が起こったとき，確率変数 X のとる値を 0 とし，ぞろ目 ii ($i=1,2,\cdots,6$) が出たとき確率変数 X は i の値をとるとすると，確率分布は

$$P(X=0)=\frac{30}{36}=\frac{5}{6}, \quad P(X=i)=\frac{1}{36} \quad (i=1,2,\cdots,6)$$

となる．このとき，X の期待値は

$$E(X)=0\times\frac{5}{6}+\frac{1}{36}(1+2+\cdots+6)=\frac{7}{12}.$$

また，分散はつぎのようになる：

$$V(X)=\left(0-\frac{7}{12}\right)^2\frac{5}{6}+\left(1-\frac{7}{12}\right)^2\frac{1}{36}+\cdots+\left(6-\frac{7}{12}\right)^2\frac{1}{36}=\frac{35}{16}.$$

第 2 のゲームでは，Y を表の出る枚数とすると，賞金額はこれの 2 乗 Y^2 である．Y^2 の取り得る値は 0, 1, 4, 9 なので，確率分布は**表 2.2** のようになる．このとき，Y^2 の期待値と分散は

$$E(Y^2)=0\times\frac{1}{8}+1\times\frac{3}{8}+4\times\frac{3}{8}+9\times\frac{1}{8}=3,$$

$$V(Y^2)=(0-3)^2\frac{1}{8}+(1-3)^2\frac{3}{8}+(4-3)^2\frac{3}{8}+(9-3)^2\frac{1}{8}=\frac{15}{2}.$$

さて，賞金の総額は $T=3X+Y^2+1$ である．X と Y（または Y^2）は独立なので，T の期待値は

表 2.2 確率分布

表の枚数 Y	0	1	2	3
確率 P	$\frac{1}{8}$	$\frac{3}{8}$	$\frac{3}{8}$	$\frac{1}{8}$
賞金 Y^2	0	1	4	9

$$E(T)=E(3X+Y^2+1)=3E(X)+E(Y^2)+1=3\times\frac{7}{12}+3+1=\frac{23}{4}=5.75.$$

また，分散は

$$V(T)=V(3X+Y^2+1)=9V(X)+V(Y^2)=9\times\frac{35}{16}+\frac{15}{2}=\frac{435}{16}.$$

(2) 賞金が 20 ドル以上になる (X, Y) の組は $(6,3)$, $(6,2)$, $(6,1)$, $(5,3)$, $(5,2)$, $(4,3)$ の 6 つであり，これらはたがいに排反なので求める確率は

$$\frac{1}{36}\left(\frac{1}{8} + \frac{3}{8} + \frac{3}{8} + \frac{1}{8} + \frac{3}{8} + \frac{1}{8}\right) = \frac{1}{24}.$$

(3) 賞金が 1 ドルのケースは，$X = 0$, $Y = 0$ の場合なので，その確率は

$$P(X = 0, Y = 0) = P(X = 0)P(Y = 0) = \frac{5}{6} \cdot \frac{1}{8} = \frac{5}{48}. \qquad \diamondsuit$$

2.2.2 連続型確率変数

世の中には，ある区間の中の任意の値を取り得るような変数はたくさんある．例えば，血圧とか血糖値，日照時間や日射量などである．これらは観測するたびに異なった値をとるので確率変数と考えてよい．このような変数を**連続型確率変数** (continuous random variable) と呼ぶ．いま，連続型確率変数 X は実数全体 $(-\infty, \infty)$ の中の任意の値をとるものとして考える．

定義 2.6 連続型確率変数 X がある値 x 以下になる確率 $P(X \leq x)$ を

$$F(x) = P(X \leq x) \tag{2.24}$$

と書き，$F(x)$ を X の**分布関数** (distribution function) と呼ぶ．このとき，X が 1 つの微小区間 $[x, x + \Delta x]$ に入る確率は

$$P(x \leq X \leq x + \Delta x) = F(x + \Delta x) - F(x)$$

と書ける．つぎの極限関数

$$f(x) = \lim_{\Delta x \to 0} \frac{P(x \leq X \leq x + \Delta x)}{\Delta x} \tag{2.25}$$

が存在するとき，$f(x)$ を変数 X の**確率密度関数** (probability density function) と呼ぶ．$F(x)$ は $f(x)$ の 1 つの原始関数で次式を満たす：

$$F(x) = \int_{-\infty}^{x} f(t)\,dt \tag{2.26}$$

注意：式 (2.25) を満たす $f(x)$ をいつも見つけることができるかどうかは，たいへん難しい問題である．図 2.4 の針の角度の問題では $P(x \leq X \leq x + \Delta x) = \dfrac{\Delta x}{2\pi}$ なので

$$f(x) = \frac{1}{2\pi} \qquad (0 \leq x \leq 2\pi,\ 一様分布) \tag{2.27}$$

を得る．一般には，確率密度関数（p.d.f.）を決定することは非常に困難である．例えば，"日本の成人男子の身長"を考えてみよう．確率密度関数を具体的に示すことはできない．もし，10 万人のデータが得られたとすれば，細かく分割された度数分布表を作ることは可能である（しかも度数分布表の面積が 1 になるようにスケーリングする）．これは真の p.d.f. に十分近い分布になっているはずである．さらにデータを集め 100 万人のデータで度数分布表を作れば，さらに精度のよい分布が得られるであろう．理論的には，標本の大きさ n を無限大にしたとき，面積 1 の度数分布表は一定の曲線（この曲線が p.d.f.）に近づくと考えられる．すなわち，p.d.f. の存在を仮定することは自然なことなのである（図 **2.9**）．

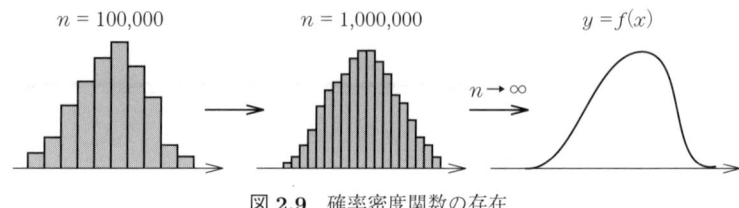

図 2.9 確率密度関数の存在

前述の定義 2.6 から，確率密度関数は，$f(x) \geq 0$ であって次式の成り立つことが証明できる：

$$\int_{-\infty}^{\infty} f(x)dx = 1 \tag{2.28}$$

$$P(a \leq X \leq b) = \int_a^b f(x)\,dx \tag{2.29}$$

式 (2.29) から，連続型確率変数では X がある値に等しくなる確率は 0 なので，次式が成り立つ：

$$P(X = c) = 0, \tag{2.30}$$

$$P(a \leq X \leq b) = P(a < X \leq b) = P(a \leq X < b) = P(a < X < b). \tag{2.31}$$

定義 2.7 連続型確率変数 X の**期待値** $E(X)$ (平均 μ) と**分散** $V(X)$ をつぎのように定義する：

$$\mu = E(X) = \int_{-\infty}^{\infty} x f(x)\, dx, \tag{2.32}$$

$$\sigma^2 = V(X) = \int_{-\infty}^{\infty} (x-\mu)^2 f(x)\, dx. \tag{2.33}$$

分散の平方根 $\sigma = \sqrt{V(X)}$ は X の**標準偏差**と呼ばれる．

例 2.5 確率変数 X の p.d.f. は次式で与えられているとする：

$$f(x) = \begin{cases} 0 & (\,x < 0\,) \\ \dfrac{3}{4} x(2-x) & (\,0 \leqq x \leqq 2\,) \\ 0 & (\,2 < x\,) \end{cases}$$

このとき，$P\left(\frac{1}{2} \leqq X \leqq 1\right)$, $E(X)$, $V(X)$ を計算するとつぎのようになる．

$$P\left(\tfrac{1}{2} \leqq X \leqq 1\right) = \frac{3}{4} \int_{\frac{1}{2}}^{1} x(2-x)\, dx = \frac{3}{4} \left[x^2 - \frac{x^3}{3} \right]_{\frac{1}{2}}^{1}$$

$$= \frac{3}{4} \left(\frac{2}{3} - \frac{5}{24} \right) = \frac{11}{32},$$

$$E(X) = \frac{3}{4} \int_{0}^{2} x^2 (2-x)\, dx = \frac{3}{4} \left[\frac{2}{3} x^3 - \frac{x^4}{4} \right]_{0}^{2} = \frac{3}{4} \left(\frac{16}{3} - 4 \right) = 1,$$

$$V(X) = \frac{3}{4} \int_{0}^{2} (x-1)^2 (2x - x^2)\, dx = \frac{3}{4} \int_{0}^{2} (-x^4 + 4x^3 - 5x^2 + 2x)\, dx$$

$$= \frac{3}{4} \left[-\frac{x^5}{5} + x^4 - \frac{5}{3} x^3 + x^2 \right]_{0}^{2} = \frac{3}{4} \cdot \frac{4}{15} = \frac{1}{5}. \quad \heartsuit$$

上の例で見たような積分計算は，実際にはほとんど使わない．表を用いて確率計算をすることが多い．

さて，2つの確率変数 X, Y の p.d.f. をそれぞれ $g(x)$, $h(y)$ とすると，

$$P(a \leq X \leq b) = \int_a^b g(x)\,dx, \quad P(c \leq Y \leq d) = \int_c^d h(y)\,dy$$

である.確率変数の和 $X+Y$ や積 XY の確率が必要なときは,X と Y を同時に考えなければならない.xy 平面上で定義された積分可能なある関数 $f(x,y)$ によって

$$P(a \leq X \leq b,\ c \leq Y \leq d) = \int_a^b \int_c^d f(x,y)\,dx\,dy \tag{2.34}$$

と表されるとき,$f(x,y)$ を X,Y の**同時確率密度関数** (joint probability density function) と呼ぶ.ここに,$f(x,y)$ は

$$f(x,y) \geq 0, \quad \int_{-\infty}^{\infty}\int_{-\infty}^{\infty} f(x,y)\,dx\,dy = 1 \tag{2.35}$$

を満たす.

ここで,X と Y が独立のときを考える.離散型変数の場合と同じように

$$P(a \leq X \leq b,\ c \leq Y \leq d) = P(a \leq X \leq b)P(c \leq Y \leq d) \tag{2.36}$$

が成り立つとき,X と Y は**独立**と定義するので,

$$\begin{aligned}P(a \leq X \leq b,\ c \leq Y \leq d) &= \left(\int_a^b g(x)\,dx\right)\left(\int_c^d h(y)\,dy\right) \\ &= \int_a^b \int_c^d g(x)h(y)\,dx\,dy\end{aligned}$$

となる.したがって $f(x,y) = g(x)h(y)$ が成り立つ.逆に $f(x,y) = g(x)h(y)$ が成り立つとき,式 (2.36) が成り立つので,X と Y が独立であるための必要十分条件は次式である.

$$f(x,y) = g(x)h(y) \tag{2.37}$$

確率変数 X の関数 $r(X)$ もやはり確率変数で,$r(X)$ の p.d.f. は X の p.d.f. $g(x)$ と同じなので,これの期待値は次式となる.

$$E(r(X)) = \int_{-\infty}^{\infty} r(x)g(x)\,dx \tag{2.38}$$

離散型変数で成り立った定理 2.2 は連続型変数についても成り立つ．

定理 2.3 X, Y は独立な確率変数，a, b は定数とする．このとき，次式が成り立つ：

(1) $E(aX + b) = aE(X) + b,$
(2) $E(X + Y) = E(X) + E(Y),$
(3) $V(aX + b) = a^2 V(X),$
(4) $V(X + Y) = V(X) + V(Y),$
(5) $V(X) = E((X - E(X))^2) = E(X^2) - \mu^2.$

証明 ここでは，(2) と (3) のみを証明する．

(2) $E(X+Y) = \int_{-\infty}^{\infty} \int_{-\infty}^{\infty} (x+y) g(x) h(y) \, dx \, dy$

$= \int_{-\infty}^{\infty} \left(xg(x) \int_{-\infty}^{\infty} h(y) \, dy + g(x) \int_{-\infty}^{\infty} yh(y) \, dy \right) dx$

$= \int_{-\infty}^{\infty} (xg(x) + g(x)E(Y)) \, dx = E(X) + E(Y).$

(3) $V(aX + b) = \int_{-\infty}^{\infty} (ax + b - a\mu - b)^2 g(x) \, dx = \int_{-\infty}^{\infty} a^2 (x - \mu)^2 g(x) \, dx$

$= a^2 V(X).$ □

例題 2.6 ある試験の得点分布の平均は μ，標準偏差は σ である．いま，得点 X を $Y = aX + b \ (a > 0)$ と変換して Y の分布の期待値が 50，標準偏差が 10 になるようにしたい（このような Y を**偏差値**と呼ぶ）．

(1) a, b の値を定めて，Y の式を求めよ．
(2) 平均 65，標準偏差 20 の得点分布になる試験で，80 点をとった者の偏差値はいくらか．

【解答】

(1) $E(Y) = aE(X) + b = a\mu + b = 50, \quad V(Y) = a^2 V(X) = a^2 \sigma^2 = 10^2$

より, $a = \dfrac{10}{\sigma}$, $b = 50 - \dfrac{10}{\sigma}\mu$. よって, $Y = 50 + \dfrac{10}{\sigma}(X - \mu)$.

(2) $Y = 50 + \dfrac{10}{20}(80 - 65) = \dfrac{115}{2} = 57.5$. ◇

問　題　2.2

問 1. X の確率分布が　$P(0) = P(2) = \dfrac{2}{8}$, $P(1) = \dfrac{3}{8}$, $P(3) = \dfrac{1}{8}$　のとき,

(1) 平均 μ と標準偏差 σ を求めよ.

(2) 区間 $[\mu - \sigma,\ \mu + \sigma]$ の中に分布の何パーセントが含まれるか.

問 2. ある迷路に 1 匹のハムスターを入れたとき, 脱出に成功する確率は $\dfrac{1}{4}$ であるという. 3 匹のハムスターをこの迷路に入れたとき, 脱出に成功するハムスターの数を X とする.

(1) X の確率分布を求めよ.

(2) X の平均 μ と標準偏差 σ を求めよ.

問 3. X と Y はたがいに独立な確率変数で,

$$E(X) = \mu_1,\ V(X) = \sigma_1^2,\ E(Y) = \mu_2,\ V(Y) = \sigma_2^2$$

とする. このとき, つぎの変数の平均と分散を求めよ.

(1) $2X + Y$　　(2) $3X - 2Y + 1$

問 4. X の p.d.f. が

$$f(x) = \begin{cases} 1 & (\ 0 \leqq x \leqq 1\ ) \\ 0 & (\ x < 0,\ 1 < x\ ) \end{cases} \tag{2.39}$$

のとき, X は区間 $[0,\ 1]$ で**一様分布**をするという.

(1) X の平均 μ と標準偏差 σ を求めよ.

(2) 区間 $[\mu - \sigma,\ \mu + \sigma]$ の中に分布の何パーセントが含まれるか.

問 5. X の p.d.f. は次式で与えられているとする:

$$f(x) = \begin{cases} a(4 - x^2) & (\ |x| \leqq 2\ ) \\ 0 & (\ |x| > 2\ ). \end{cases} \tag{2.40}$$

(1) 定数 a の値を求めよ.

(2) 確率 $P\left(\dfrac{3}{2} \leqq X \leqq 2\right)$ を求めよ.

(3) X の平均と分散を求めよ.

3 二項分布と正規分布

ここでは,離散型および連続型分布の代表的分布である二項分布と正規分布について記す.また,二項分布の正規近似やポアソン分布にもふれる.

最初に,独立試行およびベルヌーイ試行という概念にふれておく.よくある例として,サイコロを 3 回投げて 1 の目が何回出たかを争うゲームでは,われわれは 1 の目が出る確率は毎回同じ $\frac{1}{6}$ であることを知っている."2 回 1 の目が出なかったので,3 回目に 1 の目が出る確率は $\frac{1}{6}$ より大きくなるだろう"というような考えは正しくないことも知っている.一般に,何回かの試行(実験)が行われ,毎回の試行において事象 A の起こる確率が他の回の試行の結果に依存しないとき,このような一連の試行を事象 A に関して**独立試行**という."何回かの試行"が同時に全部行われる場合(例えば,サイコロを 5 回投げる代わりに,5 個のサイコロを同時に投げる)についても,同様におのおのの試行は独立であるという.

例 3.1 (独立試行の例) 2 個または 3 個のサイコロを 5 回投げる実験において,$A = \{$すべてのサイコロが同じ目を出す$\}$ とおく.この実験は,事象 A について独立試行である.なぜならば,各試行において,$P(A)$ は $\frac{1}{6}$ または $\frac{1}{36}$ であり,この確率は他の試行の結果に依存しないからである. ♡

独立試行において,事象 A の起こる確率が毎回一定のとき,このような試行を**ベルヌーイ試行**と呼ぶ.

例 3.2 (ベルヌーイ試行の例)
(1) コインを 5 回投げる実験.$A = \{$表が出る$\}$ とする.
(2) 色の異なる球が 5 個入っている袋から球を 1 個取り出し,色を観察する

実験を 3 回行う．ただし，取り出した球は袋に戻し，実験を繰り返す．$A = \{$ 白球が出る $\}$ とする． ♡

3.1 二 項 分 布

サイコロを n 回投げて 1 の目が出る回数を X としたとき，またコインを n 回投げて表の出る回数を Y として，これらの確率を考えるとき，各試行はベルヌーイ試行である．このような実験では，ある 1 つの事象 A のみに注目し，他の事象は余事象 $\bar{A}$ として扱う．すなわち，全体として 2 つの事象しかないという形で問題を扱う．

1 つの母集団（ここでは個体数は非常に多いと仮定する）からの標本抽出に対しては，各個体が性質 A をもつかもたないかを問題にするとき，この母集団を**二項母集団**と呼ぶ．性質 A をもつものの割合は $P(A) = p$ であるとして，$q = 1 - p$ とおく．もちろん，p は未知であることが多い．この母集団から，n 個の個体をランダムサンプリングするとき，この抽出は事象 A（性質 A をもつということ）に対するベルヌーイ試行とみなすことにする（図 **3.1**）．

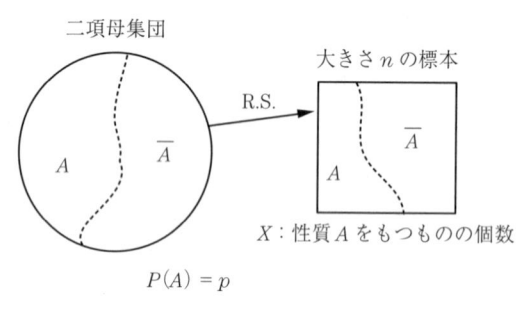

図 **3.1** 二項母集団からの標本抽出

さて，二項母集団から n 個の個体をランダムサンプリングしたとき，A という性質をもつものの個数を X（これを**二項変数**と呼ぶ）とする．X の取り得る値は $0, 1, 2, \cdots, n$ である．$X = 0$ となる確率は，n 個すべてが A という性質をもたないときなので

$$P(0) = p^0 q^n = q^n$$

となる. $X = 1$ となる確率は，n 個の中の 1 個だけが A という性質をもつときで，その組合せは ${}_nC_1$ なので $P(1) = {}_nC_1 p q^{n-1}$ である. 同様の考えで，$X = r$ となる確率は

$$P(r) = {}_nC_r p^r q^{n-r} \qquad (r = 0, 1, 2, \cdots, n) \tag{3.1}$$

であり，この確率分布を**二項分布**（binomial distribution）と呼び，$B(n, p)$ という記号で表す. 式 (3.1) の確率の和が 1 になることは，$(q + p)^n = 1$ の展開式

$$q^n + {}_nC_1 p q^{n-1} + {}_nC_2 p^2 q^{n-2} + \cdots + {}_nC_r p^r q^{n-r} + \cdots + p^n = 1 \tag{3.2}$$

からわかる.

例題 3.1 ある国では，グリーンの目をもつ両親からブルーの目の子供が生まれる確率は $\dfrac{1}{3}$ であるという. 両親がグリーンの目で子供が 5 人いる家族を 1 つ無作為に選んだとき，X をブルーの目をもつ子供の数として，

(1) 2 人の子供がブルーの目をもつ確率を求めよ.

(2) 少なくとも 3 人の子供がブルーの目である確率を求めよ.

(3) X の期待値と分散を求めよ.

注意：目の色はメラニン色素の量で決定されるので実にいろいろな色があるが，基本的には，ブラウン，グリーン，ブルーに分類される. 遺伝子的にはこの順番で優勢であることがわかっている. 例えば，アイスランドでは，グリーンまたはブルーの目の者が約 88 % とのことである.

【解答】

(1) "子供が生まれる" という試行は事象

$$A = \{ \text{ブルーの目の子供である} \}$$

に対してはベルヌーイ試行となるので，確率は二項分布 $B(5, \frac{1}{3})$ に従う. よって

$$P(X=2) = {}_5C_2 \left(\frac{1}{3}\right)^2 \left(\frac{2}{3}\right)^3 = \frac{80}{243} \fallingdotseq 0.3292.$$

(2) $P(X \geqq 3) = 1 - P(X \leqq 2) = 1 - \{P(0) + P(1) + P(2)\}$

$$= 1 - \left\{\left(\frac{2}{3}\right)^5 + 5 \cdot \frac{1}{3}\left(\frac{2}{3}\right)^4 + \frac{80}{243}\right\} = \frac{17}{81} \fallingdotseq 0.2099.$$

(3) $P(3) = \dfrac{40}{243}$, $P(4) = \dfrac{10}{243}$, $P(5) = \dfrac{1}{243}$ なので, 期待値は

$$E(X) = \frac{1}{243}(0 \times 32 + 1 \times 80 + 2 \times 80 + 3 \times 40 + 4 \times 10 + 5 \times 1) = \frac{5}{3}.$$

また, 分散は

$$V(X) = \left(0-\frac{5}{3}\right)^2 \times \frac{32}{243} + \left(1-\frac{5}{3}\right)^2 \times \frac{80}{243} + \cdots + \left(5-\frac{5}{3}\right)^2 \times \frac{1}{243} = \frac{10}{9}.$$

◇

定理 3.1 二項変数 X の期待値と分散は次式で与えられる:

$$E(X) = np, \qquad V(X) = npq. \tag{3.3}$$

証明 つぎの関係式を p の関数として利用する:

$$q^n + {}_nC_1 p q^{n-1} + {}_nC_2 p^2 q^{n-2} + \cdots + p^n = (q+p)^n. \quad \cdots ①$$

両辺を p で微分すると

$${}_nC_1 q^{n-1} + 2\,{}_nC_2 p q^{n-2} + \cdots + n p^{n-1} = n(p+q)^{n-1} = n,$$

両辺に p を掛けて, 左辺には $0 \times q^n$ を足すと

$$0 \times q^n + {}_nC_1 p q^{n-1} + 2\,{}_nC_2 p^2 q^{n-2} + \cdots + n p^n = np(p+q)^{n-1} \quad \cdots ②$$

を得る. 式②の左辺は $E(X)$ を意味し, 右辺は $p+q=1$ より np となるので $E(X) = np$ となる. 式②の両辺を p で再び微分すると

$${}_nC_1 q^{n-1} + 2^2\,{}_nC_2 p q^{n-2} + \cdots + n^2 p^{n-1}$$
$$= n(p+q)^{n-1} + n(n-1)p(p+q)^{n-2} = n + n(n-1)p = n(1-p) + n^2 p,$$

となり，両辺に p を掛けると（式②と同様に $0 \times q^n$ を足した）

$$0 \times q^n + {}_nC_1 p q^{n-1} + 2^2 {}_nC_2 p^2 q^{n-2} + \cdots + n^2 p^n = np(1-p) + n^2 p^2$$

を得る．これは，$E(X^2) - (np)^2 = E(X^2) - (E(X))^2 = npq$ なので，$V(X) = npq$ が示された． □

問 1. サイコロを 4 回投げたとき，1 の目が出る回数を X とする．X の確率分布，期待値および分散を求めよ．

問 題 3.1

問 1. サイコロを何回も投げるとき，つぎの問に答えよ．
 (1) 3 回目に初めて 1 の目が出る確率を求めよ．
 (2) 4 回投げて 1 の目が 2 回以上出る確率を求めよ．
 (3) n 回投げて 1 の目が少なくとも 2 回出る確率を求めよ．
 (4) (3) で求めた確率が 0.5 以上になるためには何回以上投げなければならないか．

問 2. 袋の中に赤球 3 個，白球 2 個入っている．無作為に 2 球を取り出し，色を確認して袋に戻すという試行を 6 回繰り返す．確率変数 X を，"2 球とも赤球である" という事象が起こる回数とする．
 (1) 確率 $P(3 \leq X)$ を求めよ．
 (2) $P(X \leq a) \geq 0.85$ となる最小の正の整数 a を求めよ．
 (3) $E(X), V(X)$ を求めよ．

問 3. ある海辺の町 T 市では，4 月から 8 月の期間中，霧の発生する日数の割合は 23 % であるという．この期間の特定の 1 週間で霧の発生する日数を X としたとき，つぎの問に答えよ．
 (1) 霧の発生する日が 2 日以下である確率を求めよ．
 (2) 5 日間以上霧が発生する確率を求めよ．

3.2 正規分布

連続型確率変数 X に対する1つの典型的な分布を考察する．

定義 3.1 X の確率密度関数（p.d.f.）が

$$f(x) = \frac{1}{\sqrt{2\pi}\,\sigma}\, e^{-\frac{(x-\mu)^2}{2\sigma^2}} \tag{3.4}$$

で与えられる分布を**正規分布**（normal distribution）と呼ぶ．

正規分布は**ガウス分布**とも呼ばれ，観測誤差を表す分布として研究されてきた．もちろん，理想的なものとして理論的に考えられた分布であるが，この分布に従っている現象は数多く報告されている．p.d.f. $f(x)$ の中に入っているパラメーター μ, σ は，平均と標準偏差であることが計算で確かめられる．すなわち，つぎの性質が成り立つのは明らかである：

[正規分布の性質 1]

(1) $\displaystyle\int_{-\infty}^{\infty} f(x)\,dx = 1,$ （面積 1）

(2) $\displaystyle P(a \leq X \leq b) = \int_a^b f(x)\,dx,$ （確率の値）

(3) $\displaystyle \mu = E(X) = \int_{-\infty}^{\infty} x f(x)\,dx,$ （平均，期待値）

(4) $\displaystyle \sigma^2 = V(X) = \int_{-\infty}^{\infty} (x-\mu)^2 f(x)\,dx.$ （分散）

$f(x)$ のグラフの形は μ と σ に依存する．図 **3.2** に，$\mu = 2$ で $\sigma = 0.5, 1, 2$ の3つのグラフを示す．

3.2 正規分布

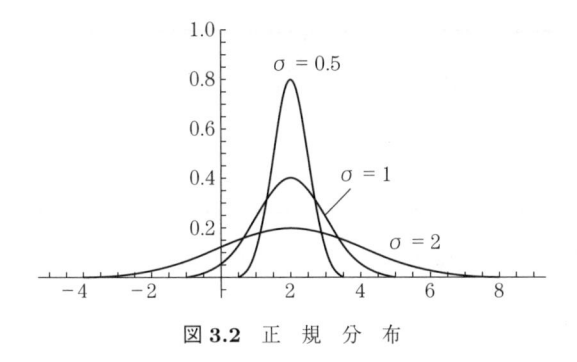

図 3.2 正規分布

定義 3.2 確率変数 X が,平均 μ,分散 σ^2 の正規分布に従うことを

$$X \sim N(\mu, \sigma^2) \tag{3.5}$$

と書く.特に,$N(0, 1^2)$ を**標準正規分布** (standard normal distribution) という.

注意: 一般の正規分布 $N(\mu, \sigma^2)$ は,つぎの定理で示すように適当な変数の置換えにより標準正規分布に変換できる.したがって,確率の計算はすべて標準正規分布の下で行う(計算には積分は使わず,表を用いる).$N(0, 1^2)$ の p.d.f. は一番簡単な形をしている:

$$f(x) = \frac{1}{\sqrt{2\pi}} e^{-\frac{x^2}{2}}. \tag{3.6}$$

正規分布は,μ や σ に関係なくつぎのような性質をもつ:

[正規分布の性質 2]

(5) $P(\mu - \sigma \leq X \leq \mu + \sigma) = \int_{\mu-\sigma}^{\mu+\sigma} f(x)\,dx = 0.6826 \quad (68.3\,\%),$

(6) $P(\mu - 2\sigma \leq X \leq \mu + 2\sigma) = 0.9544 \quad (95.4\,\%),$

(7) $P(\mu - 3\sigma \leq X \leq \mu + 3\sigma) = 0.9974 \quad (99.7\,\%).$

つぎの定理は重要である.

72   3. 二項分布と正規分布

定理 3.2 $X \sim N(\mu, \sigma^2)$ のとき，$Z = \dfrac{X - \mu}{\sigma}$ とおくと，

$$Z \sim N(0, 1^2). \tag{3.7}$$

注意：上の Z への変数変換は**標準化**の公式と呼ばれている．

証明　まず，Z の期待値と分散は

$$E(Z) = E\left(\frac{1}{\sigma}X - \frac{\mu}{\sigma}\right) = \frac{1}{\sigma}E(X) - \frac{\mu}{\sigma} = \frac{1}{\sigma}\mu - \frac{\mu}{\sigma} = 0,$$

$$V(Z) = V\left(\frac{1}{\sigma}X - \frac{\mu}{\sigma}\right) = \frac{1}{\sigma^2}V(X) = 1.$$

さて，$f(x)$ は式 (3.4) で示された関数として，Z の p.d.f. が式 (3.6) になることを示そう．

$$P(X \leq x) = \int_{-\infty}^{x} \frac{1}{\sqrt{2\pi}\,\sigma} e^{-\frac{(t-\mu)^2}{2\sigma^2}}\, dt \quad (X \text{ の分布関数})$$

に対して，$X = \mu + \sigma Z$ より，"$X \leq x$" は「$\mu + \sigma Z \leq \mu + \sigma z$」なので，"$Z \leq z$" で置き換えられる．$t = \mu + \sigma s$ とおくと，$dt = \sigma ds$．積分区間は t について $(-\infty, x]$ が，s について $(-\infty, \frac{x-\mu}{\sigma}] = (-\infty, z]$ の区間に変わる．よって，

$$P(X \leq x) = \int_{-\infty}^{z} f(\mu + \sigma s)\sigma ds = \int_{-\infty}^{z} \frac{1}{\sqrt{2\pi}\,\sigma} e^{-\frac{\sigma^2 s^2}{2\sigma^2}} \sigma ds$$

$$= \int_{-\infty}^{z} \frac{1}{\sqrt{2\pi}} e^{-\frac{s^2}{2}}\, ds = P(Z \leq z).$$

となり，目的が達成された．　□

ここで，$N(0, 1^2)$ に対する確率計算の練習をする．付録の表 II の 4 桁の数値は，図 **3.3** が示す黒い部分の面積である．例えば，$P(0 \leq Z \leq 1.25)$ を求めたいときは，z が 1.2 の横の行と，.05 の表示のある縦の列のぶつかったところの数値 .3944 が求める値である．

$P(0.65 \leq Z \leq 1.11)$ を求めたいときは，$P(0 \leq Z \leq 1.11) - P(0 \leq Z < 0.65)$ として，表を利用すると，$.3665 - .2422 = .1243$ となる．また，Z の

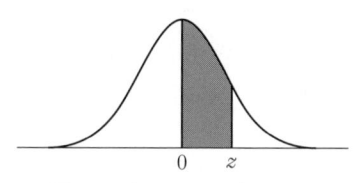

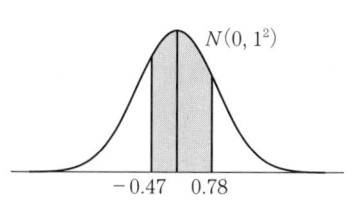

図 **3.3** 標準正規分布の面積   図 **3.4** 確率 $P(-0.47 \leq Z \leq 0.78)$

値が負になったときは，グラフの対称性を利用して計算する．例えば，図 **3.4** の面積は

$$P(-0.47 \leq Z \leq 0.78) = P(0 \leq Z \leq 0.47) + P(0 \leq Z \leq 0.78)$$
$$= .1808 + .2823 = .4631.$$

また，

$$P(Z \leq -2.03) = P(2.03 \leq Z) = 0.5 - P(0 \leq Z < 2.03)$$
$$= 0.5 - .4788 = .0212$$

である．

例題 3.2 K 大学の男子学生の身長 X [cm] は，$N(172, 7^2)$ に従っているとする．

(1) $P(175 \leq X)$ を求めよ．

(2) $P(168 \leq X \leq 176)$ を求めよ．

【解答】

(1) $Z = \dfrac{X - 172}{7}$ より，$\dfrac{175 - 172}{7} = \dfrac{3}{7} \fallingdotseq 0.43$．（表は小数点以下 2 桁の数までしか扱えないので，小数点以下 3 桁目を四捨五入する）

$$P(175 \leq X) = P(0.43 \leq Z) = 0.5 - P(0 \leq Z < 0.43) = 0.5 - 0.1664 = 0.3336.$$

(2) $\dfrac{168 - 172}{7} \fallingdotseq -0.57, \ \dfrac{176 - 172}{7} \fallingdotseq 0.57$ より，

$$P(168 \leq X \leq 176) = P(-0.57 \leq Z \leq 0.57) = 2P(0 \leq Z \leq 0.57)$$
$$= 2 \times .2157 = 0.4314. \qquad \diamond$$

例題 3.3 ある高校で毎年行われる数学の実力テストの得点 X は，ほぼ平均 60，標準偏差 12 の正規分布に従うことがわかっている．
(1) 50 点以下の者は何％いるか．
(2) 何点以上が上位 8 ％に入るか．

【解答】
(1) $\dfrac{50-60}{12} \fallingdotseq -0.83$ より，

$$P(X \leqq 50) = P(Z \leqq -0.83) = P(0.83 \leqq Z) = 0.5 - P(0 \leqq Z < 0.83)$$
$$= 0.5 - 0.2967 = 0.2033. \quad (20.3 \%)$$

(2) 上位 8 ％が a 点以上だとすると，$P(60 \leqq X < a) = 0.42$ となる．まず，$P(0 \leqq Z < z_0) = 0.42$ となる z_0 を求めよう．表の中には，面積がぴったり 0.42 になる z の値はないが，1.4 と 1.41 の間にあることがわかるので，図 3.5 のように 0.42 に対応する z の値を直線で補間する．このように近似値を求める方法は**線形補間**と呼ばれている．さて，比例式

$$\dfrac{.42 - .4192}{z_0 - 1.4} = \dfrac{.4207 - .4192}{0.01} \quad \text{より，} \quad z_0 = 1.4 + \dfrac{.0008}{.15} \quad \text{となり，}$$

$z_0 = 1.40533$．よって，$a = 60 + 12 \times 1.40533 = 76.864$．（答）

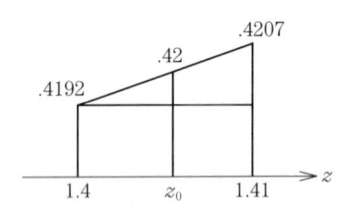

図 3.5 線形補間

◇

問 2. 上の例題において，
(1) $P(|X - 60| < a) = 0.5$ となる a の値を求めよ．
(2) 何点以上が上位 5 ％になるか．

問 題 3.2

問 1. K大学の男子学生の体重 X [kg] は，平均 64，標準偏差 11.5 の正規分布に従っているとする．
  (1) 55 kg 以下の学生は何パーセントいるか．
  (2) 68 kg から 72 kg までの学生は何パーセントいるか．
  (3) 何 kg 以上が上位 5 % になるか．

問 2. X が正規分布 $N(\mu, \sigma^2)$ に従うとき，つぎの式を満たす a の値を求めよ．
  (1) $P(|X-\mu| \leq a) = 0.5$ (2) $P(|X-\mu| \leq a) = 0.9$
  (3) $P(|X-\mu| \leq a) = 0.95$ (4) $P(|X-\mu| \leq a) = 0.99$

問 3. あるモーターの寿命 X は平均 10 年，標準偏差は 3 年の正規分布に従うという．保証期間内に故障するモーターをたかだか 7 % にとどめるには，モーターの保証期間を何年に設定すればよいか．

3.3 二項分布の正規近似

二項分布 $B(n, p)$ の確率は，$x = 0, 1, 2, \cdots, n$ に対して

$$P(x) = {}_nC_x p^x q^{n-x} \tag{3.8}$$

であった．しかし，n が大きいとき，この式をそのまま使って確率の計算をするのはたいへん困難である．例えば，

" $n = 50$, $p = \dfrac{1}{3}$ のとき，確率 $P(X \leq 25)$ を求めよ "

という問題が出されたとき，

$${}_{50}C_{25} = 1.2641 \times 10^{14}, \quad \left(\dfrac{1}{3}\right)^{25} = 1.1802 \times 10^{-12}, \quad \left(\dfrac{2}{3}\right)^{25} = 3.9602 \times 10^{-5}$$

など，非常に大きな数および非常に小さな数の積を正しく計算し，しかも 26 個の和 $P(25) + P(24) + \cdots + P(0)$ をとらなければならない．このような計算はコンピュータを使わないかぎり正確に求めることはできない．手計算で

おおよその確率を求めるためには，正規分布のように表を使って簡単に計算できることが要求される．

さて，二項分布は離散型分布で正規分布は連続型分布であるが，正規分布で近似することは可能であろうか．つぎの例で考えよう．

例 3.3 X は二項分布 $B\left(15, \dfrac{1}{3}\right)$ に従うとする．$\mu = np = 5$, $\sigma^2 = npq = \dfrac{10}{3}$ なので，確率計算を正規分布 $N\left(5, \left(\sqrt{\dfrac{10}{3}}\right)^2\right)$ で近似してみよう．

(Ｉ) 二項分布の確率を全部書くと，

$$P(0) = \left(\frac{2}{3}\right)^{15} = .00228366, \quad P(1) = 15\left(\frac{1}{3}\right)\left(\frac{2}{3}\right)^{14} = .01712744,$$

$$P(2) = 105\left(\frac{1}{3}\right)^2\left(\frac{2}{3}\right)^{13} = .05994603, \quad P(3) = .12988306,$$

$$P(4) = .19482460, \quad P(5) = .21430705, \quad P(6) = .17858921,$$

$$P(7) = .11480735, \quad P(8) = .05740368, \quad P(9) = .02232365,$$

$$P(10) = .00669710, \quad P(11) = .00152207, \quad P(12) = .00025368,$$

$$P(13) = .00002927, \quad P(14) = .00000209, \quad P(15) = .00000007$$

となる．確率分布のグラフは離散的な細い棒からなるグラフであるが，正規分布と比較するために面積のある棒グラフとした（図 **3.6**）．

ここで，つぎの3つの確率を正規分布による近似と比較してみよう：

$$P(0) + P(1) + \cdots + P(5) = .618372, \quad \cdots ①$$

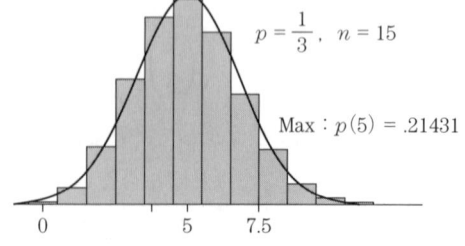

図 **3.6** 正 規 近 似

$$P(4) + P(5) + P(6) = .587721, \qquad \cdots ②$$

$$P(8) + P(9) + \cdots + P(15) = .0882316. \quad \cdots ③$$

(II) 正規分布 $N(np, \sqrt{npq}) = N(5, 1.8257^2)$ は連続型分布であるから，二項分布の $P(X = r)$ に対応する確率は，$P(r - 0.5 \leq X \leq r + 0.5)$ と考えなければならない．よって，①に対応する確率は，連続型の正規分布では，$P(X \leq 5.5)$ として計算する．n が大きくないときはつねにこのように連続型への修正（**連続補正**）をする必要がある．同様に②に対しては，$P(3.5 \leq X \leq 6.5)$ を計算する．変換 $Z = \dfrac{X - 5}{1.8257}$ を用いると

$$P(X \leq 5.5) = P(Z \leq 0.27) = 0.5 + P(0 \leq Z \leq 0.27) = .6064, \quad \cdots ①$$
$$P(3.5 \leq X \leq 6.5) = P(-0.82 \leq Z \leq 0.82)$$
$$= 2P(0 \leq Z \leq 0.82) = 2 \times .2939 = .5878, \quad \cdots ②$$
$$P(7.5 \leq X) = P(1.37 \leq Z) = 0.5 - P(0 \leq Z < 1.37)$$
$$= 0.5 - .4147 = .0853. \qquad \cdots ③$$

3つの値を比較すると，二項分布の確率と正規分布による確率の差はそれぞれ，.01197, $-$.000079, .00293 である．多くて約100分の1の誤差があるが，この程度の誤差が許されるか否かは微妙なところである．♡

さて，図**3.7**は $B\left(60, \dfrac{1}{3}\right)$ に対する例 3.1 と同様のグラフである．正規分布 $N(20, (\sqrt{40/3})^2)$ で近似した結果を表**3.1**にまとめた．正規分布による近似では，連続補正を使っている．使わないときは誤差がかなり大きくなるので，近似といえるかどうか怪しくなる．

問 3. 表 3.1 の正規近似を，連続補正を使わないで計算し，誤差も求めよ．

理論的な結果としてつぎの定理がある．証明は高度な微積分の知識を使うので省略する．必要ならば文献 [9] を参照せよ．

78　3. 二項分布と正規分布

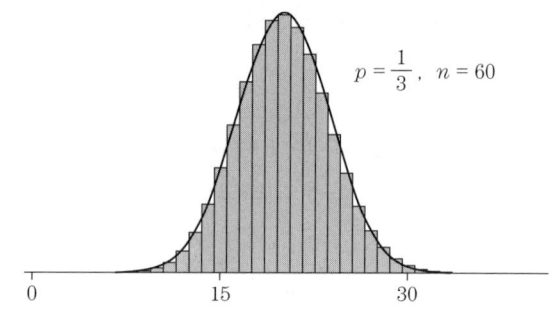

$p = \dfrac{1}{3}, \ n = 60$

図 3.7　正規近似, $n = 60$

表 3.1　確率の近似値

二項分布	正規分布	誤差
$P(0 \leq X \leq 20) = .560313$	$P(X \leq 20.5) = .5557$	.00461
$P(19 \leq X \leq 21) = .318346$	$P(18.5 \leq X \leq 21.5) = .3182$	.00015
$P(23 \leq X \leq 60) = .244357$	$P(22.5 \leq X) = .2483$	$-.00394$

定理 3.3　二項分布 $B(n, p)$ は $n \to \infty$ のとき, 正規分布 $N(np, (\sqrt{npq})^2)$ に近づく.

二項分布では, 割合の確率変数 $\widehat{P} = \dfrac{X}{n}$ を使うことも多い.

$$E(\widehat{P}) = E\left(\dfrac{X}{n}\right) = \dfrac{E(X)}{n} = p, \ \ V(\widehat{P}) = \dfrac{1}{n^2}V(X) = \dfrac{pq}{n} \qquad (3.9)$$

がわかるので, 上の定理からつぎの結果を得る.

定理 3.4　二項分布 $B(n, p)$ に従う X に対して, 割合の確率変数 $\widehat{P} = \dfrac{X}{n}$ の分布は, $n \to \infty$ のとき, 正規分布 $N\left(p, \left(\sqrt{\dfrac{pq}{n}}\right)^2\right)$ に近づく.

注意:
1. 理論では $n \to \infty$ ということであるが, 実際にはいくつくらいの n の値から

正規分布を使ってよいのだろうか．経験的にいわれている結論やいくらかの実験から，条件

$$p \leq \frac{1}{2} \text{ ならば } np \geq 10, \text{ または } p > \frac{1}{2} \text{ ならば } nq \geq 10 \quad (3.10)$$

を満たすとき使用に耐えうるといわれているので，以後この条件の下で正規分布の近似を使うこととする．

2. 正規分布の近似を使うとき，連続補正はもちろん使ったほうがよい．しかしながら，つねにこの補正を使うことは問題によっては計算がかなり複雑になることがある．経験的な結論およびいくらかの実験から，この教科書では

$$n \geq 120, \quad \text{かつ} \quad npq \geq 30 \quad (3.11)$$

を満たすとき，連続補正なしで上の定理を使うこととする．

例題 3.4 ある大学の新入生に対する過去数年間の経験から，ドイツ語の前期定期試験の合格率はほぼ 60 % であるということがわかっている．今年度の新入生のドイツ語履修者は 200 名で，全員が前期定期試験を受験するものとする．今年度の新入生の合否も過去の割合に従うものとして，つぎの確率を正規分布の近似を用いて答えよ．

(1) 合格者が 50 % 以下になる確率．
(2) 少なくとも 65 % の学生が合格する確率．

【解答】 今年度の新入生の合格率を $\widehat{P}$ とする．
(1) $n = 200$, $p = 0.6 > 0.5$ なので，nq を計算すると，$nq = 80$．また，$npq = 48 > 30$ だから，連続補正なしで正規分布で近似する．

$$\widehat{P} \sim N\left(0.6, \left(\sqrt{0.6 \times \frac{0.4}{200}}\right)^2\right) = N(0.6, .03464^2)$$

として，求める確率は

$$P(\widehat{P} \leq 0.5) = P(Z \leq -2.89) = 0.5 - P(0 \leq Z < 2.89) = .0019.$$

(2) 同様にして，少なくとも 65 % の学生が合格する確率は

$$P(0.65 \leq \widehat{P}) = P(1.44 \leq Z) = .5 - P(0 \leq Z < 1.44) = .0749. \diamond$$

注意：この問題に対して，二項分布による正確な確率は
$$P(\widehat{P} \leq 0.5) = .002635, \quad P(0.65 \leq \widehat{P}) = .08439$$
なので，上の結果との誤差は，.000735 と .00949 である．誤差は100分の1以下であることを注意しておく．

問 4. 上の例題の答を連続補正を使って求め，誤差も計算せよ．

問　題　3.3

問 1. 二項分布 $B\left(30, \dfrac{1}{10}\right)$ について，
  (1) $P(0) + P(1)$ を求めよ．
  (2) 上の確率を連続補正を用いて正規分布で近似せよ．

問 2. 過去の経験から，ある病気の予防注射を受けた者の5%は過敏な反応を示すという．いま，200人がこの予防注射を受けたとする．
  (1) 過敏な反応を示す者が4%以下である確率を求めよ．
  (2) 8%以上の者が過敏な反応を示す確率を求めよ．

問 3. 各問の答を5つの選択肢から選ぶという100点満点の試験がある．各問の配点は同じであるとする．いま，5つの選択肢からでたらめに1つの答を選ぶという場合を考える．連続補正を使う正規分布の近似でつぎの問に答えよ．
  (1) 50問あるとき，30点以上とる確率を求めよ．
  (2) 30点以下になる確率が98%以上になるようにするには，問題数をいくつ以上にすればよいか．

3.4　ポアソン分布

　確率のきわめて小さい事象，あるいは時間的または空間的に独立に散発する事象を処理するための確率分布が1837年ポアソン（Poisson, 1781〜1840, フランス）によって発表された．この**ポアソン分布**は二項分布から直接導かれる．

定理 3.5 二項分布の確率 $P(x) = {}_nC_x p^x q^{n-x}$, $(x = 0, 1, \cdots, n)$ において，$np = \lambda$（一定）に保ち $n \to \infty$ としたとき，$P(x)$ は次式に近づく：

3.4 ポアソン分布

$$P(X=x) = e^{-\lambda}\frac{\lambda^x}{x!}, \quad (x=0,1,2,\cdots). \tag{3.12}$$

この確率分布はポアソン分布と呼ばれる．

証明　二項分布の確率の x を有限の値に固定して，$n \to \infty$ を考える．

$$\begin{aligned}
P(x) &= {}_nC_x p^x q^{n-x} = {}_nC_x \left(\frac{\lambda}{n}\right)^x \left(1-\frac{\lambda}{n}\right)^{n-x} \\
&= \frac{n(n-1)\cdots(n-x+1)\lambda^x}{x!\,n^x}\left(1-\frac{\lambda}{n}\right)^n\left(1-\frac{\lambda}{n}\right)^{-x} \\
&= \left(1-\frac{1}{n}\right)\left(1-\frac{2}{n}\right)\cdots\left(1-\frac{x-1}{n}\right)\left(1-\frac{\lambda}{n}\right)^{-x}\lambda^x\left(1-\frac{\lambda}{n}\right)^n\bigg/x!
\end{aligned}$$

となる．$n \to \infty$ のとき，有限の k に対して $\left(1-\dfrac{k}{n}\right) \to 1$，

また，$\left(1-\dfrac{\lambda}{n}\right)^n \to e^{-\lambda}$ なので $P(x)$ は $e^{-\lambda}\dfrac{\lambda^x}{x!}$ に近づく．　□

注意：
1. ポアソン分布をする確率変数 X の取り得る値は，理論的には $0,1,2,\cdots$ の無限個であるが，現実問題では当然無限個でない場合を多く扱う．
2. 確率の和 $P(0)+P(1)+\cdots$ が 1 になっているかどうかは，指数関数のマクローリン展開 $e^x = \sum_{n=0}^{\infty}\dfrac{x^n}{n!}$ を使うと

$$\sum_{k=0}^{\infty} e^{-\lambda}\frac{\lambda^k}{k!} = e^{-\lambda}\sum_{k=0}^{\infty}\frac{\lambda^k}{k!} = e^{-\lambda}e^{\lambda} = 1$$

となることから明らかである．

ポアソン分布は，稀有な現象を説明する分布として取り上げられていたが，1907 年ゴセット（W.S. Gosset, 1876～1937, 英国, ペンネームはスチューデント）は，培養液の見本滴中に見出される微生物の数に対してこの確率分布が適用できることを示した．また，1910 年にはラザフォードとガイガーはポロニウムのフィルムから放出される α 粒子の分布がポアソン分布に従っていることを観察した（文献 [9], p.96 参照）．現在では，ポアソン分布の応用範囲はさらに広がっている．

ポアソン分布では，期待値と分散が一致する．

定理 3.6 離散型確率変数 X が

$$P(x) = e^{-\lambda}\frac{\lambda^x}{x!}, \quad (x = 0, 1, 2, \cdots)$$

のポアソン分布に従うとき，X の期待値と分散はつぎのようになる：

$$E(X) = \lambda, \quad V(X) = \lambda. \tag{3.13}$$

<u>証明</u>　$E(X) = \sum_{k=1}^{\infty} k e^{-\lambda} \frac{\lambda^k}{k!} = e^{-\lambda} \lambda \sum_{k=1}^{\infty} \frac{\lambda^{k-1}}{(k-1)!} = e^{-\lambda} \lambda e^{\lambda} = \lambda.$

つぎに，$V(X) = E(X^2) - \lambda^2 = E(X(X-1)) + E(X) - \lambda^2$ に注意すると，

$E(X(X-1)) = \sum_{k=0}^{\infty} k(k-1) e^{-\lambda} \frac{\lambda^k}{k!} = e^{-\lambda} \lambda^2 \sum_{k=2}^{\infty} \frac{\lambda^{k-2}}{(k-2)!} = e^{-\lambda} \lambda^2 e^{\lambda} = \lambda^2,$

$V(X) = \lambda^2 + \lambda - \lambda^2 = \lambda.$ □

例題 3.5　A 運送会社では，月に 200 回から 600 回くらいの運送を請け負っている．毎月のトラックの運送回数の多少にかかわらず，タイヤがパンクする回数は，月に 1.2 回であるという．ポアソン分布を用いてつぎの確率を求めよ．

(1) 月に 1 回もパンクをしない．

(2) 月に 3 回以上パンクする．

【解答】　X をひと月のパンクの回数とする．運送回数に無関係に月に 1.2 回のパンクがあるのだから，$\lambda = 1.2$ のポアソン分布で計算する．

$$P(0) = e^{-1.2} \cdot \frac{\lambda^0}{0!} = .3012, \quad \cdots (1) \text{ の答}$$

$$P(3 \leq X) = 1 - \{P(0) + P(1) + P(2)\}$$

$$= 1 - (.30119 + .36143 + .21685) = .1205. \quad \cdots (2) \text{ の答} \quad \diamondsuit$$

注意：上の例題で，ひと月の運送回数がほぼ 400 回で一定していると仮定したとき，X の分布は二項分布 $B(400, 0.003)$ になるので，

$P(x) = {}_{400}C_x \, (0.003)^x \, (0.997)^{400-x}$ で直接計算できる：

$P(0) = (0.997)^{400} = .30065,$

$P(3 \leqq X) = 1 - \{P(0) + P(1) + P(2)\}$

$= 1 - (.30065 + .36186 + .21723) = .1203.$

二項分布による結果とポアソン分布による結果はほとんど差がないのがわかる．

問 5. 例題 3.5 で，月に 4 回以上パンクする確率をポアソン分布で求めよ．

例 3.4 文献 [5] から，ポアソン分布と関連する有名な実験結果を取り上げる．

(1) 放射性物質から放出される α 粒子の数（1920 年, Rutherford, Chadwick, Ellis による結果）

7.5 秒を 1 つの時間区間とし，その区間内にいくつの α 粒子が放出されたかを，連続した合計 2608 区間で調べた実験で，**表 3.2** は α 粒子の個数 X に対する度数分布表である．崩壊した α 粒子数の平均は 3.87 なので，X がもしポアソン分布に従うとすると，$\lambda = 3.87$ として，ポアソン分布の確率 (3.12) を使って $P(k) \times 2608$ を計算（理論値）したのが第 3 列のポアソン分布の当てはめである．実験値は理論値に非常に近い

表 3.2 放射性物質の崩壊

粒子数 X	度数 f_k	ポアソン分布の当てはめ
0	57	54.4
1	203	210.5
2	383	407.4
3	525	525.5
4	532	508.4
5	408	393.5
6	273	253.8
7	139	140.3
8	45	67.9
9	27	29.2
10 以上	16	17.1
合計	2608	2608.0

値になっているのがわかる．さらに，100回の同様な実験のうち，この結果より当てはまりが悪かったものは17％しかなかったということが報告されている．ここに挙げたデータについては，7章で学ぶ適合度の検定を用いると，有意水準5％で"実験値は理論どおりである"という結論が得られる．

(2) **ペトリ板上のバクテリア数**（1938年，J. Neymanの結果）

血球数の測定の際に観察されたバクテリアが，この問題を調べるきっかけになったようであるが詳細は不明である．培地を入れたペトリ板上で増殖したバクテリアは黒いしみとして観察される．ペトリ板を格子状に四角形に分け，各四角形の中の黒いしみの数を X としたとき，それの度数分布が**表3.3**である．すなわち，k 個（$k=0,1,2,\cdots$）のしみがある四角形はいくつあったかという表である．異なるバクテリアに対して全部で8回の実験をしたということであるが，ここでは，3回分の結果を載せた．データの最後の度数は，それ以上の値をとる度数を含んでいる（i.e. k or more）ということである．下段（Poisson）の数値は，ポアソン分布を仮定したときの理論値である．非常に当てはまりがよいのがわかる．最後の χ^2-level の値〔％〕は，当てはまりのよさを表す数値と考えてよい（7章で学ぶ）． ♡

表3.3 バクテリア数

X	0	1	2	3	4	5	6	7	χ^2-level
度数 f_k	5	19	26	26	21	13	8		97
Poisson	6.1	18.0	26.7	26.4	19.6	11.7	9.5		
f_k	83	134	135	101	40	16	7		63
Poisson	75.0	144.5	139.4	89.7	43.3	16.7	7.4		
f_k	3	7	14	21	20	19	7	9	85
Poisson	2.1	8.2	15.8	20.2	19.5	15.0	9.6	9.6	

問　題　3.4

問 1. ある電子部品をトラックで輸送する際，途中で破損する確率は 0.002 であるという．3000 個の部品をトラックで運ぶとき，つぎの確率をポアソン分布を用いて求めよ．
 (1) 破損する部品が 1 個以下である．
 (2) 破損するものが 3 個ないし 4 個である．

問 2. 表 3.4 の 1 段目は，ネピアの数 $e = 2.7182818\cdots$ の小数点以下の数（1000 桁まで）を 10 桁ずつ区切ったとき，各区切りの中で 1 が何個（X とする）出現するかを数えたものである．同様に 2 段目，3 段目は，$\pi = 3.141592\cdots$ の小数点以下 1630 桁までに対して，9 の個数と 0 の個数を数えた度数分布表である．この表から平均を計算し，その値を λ とせよ．この分布がポアソン分布であると仮定して，理論度数を求めよ．

表 3.4　e と π の小数点以下に現れる数 l の分布

数 l の出現回数 X	0	1	2	3	4	5	6	合計
$e : l=1$ に対する度数 f_k	38	35	22	5	0	0	0	100
$\pi : l=9$ に対する度数 f_k	54	59	36	12	1	0	1	163
$\pi : l=0$ に対する度数 f_k	60	65	30	6	2	0	0	163

4 標本分布

4.1 不偏推定量

ある母集団において，考察の対象となる確率変数 X の平均 $\mu = E(X)$ を母平均，分散 $\sigma^2 = V(X)$ を母分散と呼ぶが，これらは多くの場合未知の値である．一方，この母集団から標本抽出された n 個のデータ $x_1, x_2, \cdots, x_n$ の平均 $\bar{x}$ や分散 s^2 などはいつでも計算可能である．われわれは，データから得られた $\bar{x}$, s^2 は当然 μ, σ^2 に近いと思っているが，このことはつねに正しいことであろうか．また，$\bar{x}$, s^2 はどのくらい μ, σ^2 に近いのだろうか．この 2 つの問題について考える．

定義 4.1 母集団を特徴づける平均 μ や分散 σ^2，また二項母集団の割合 p などを**母数**（parameter）と呼ぶ．

いま，母集団の個体数は非常に大きいかまたは無限と考える．図 4.1 のように，n 個のデータを何回も抽出したと考えると，抽出のたびごとにデータの平均と分散は少しずつ異なる．したがって，これらの平均・分散はある確率変数 $\bar{X}$, S^2 の実現値と考えられるが，それらはどんな確率変数であろうか．

さて，n 個のデータ $x_1, x_2, \cdots, x_n$ は X と同じ平均と分散をもつ n 個の確率変数 $(X_1, X_2, \cdots, X_n)$ の実現値と考えることができる．もし無限母集団であれば，有限個のものを取り出した後でも母集団分布に影響はないとみなし

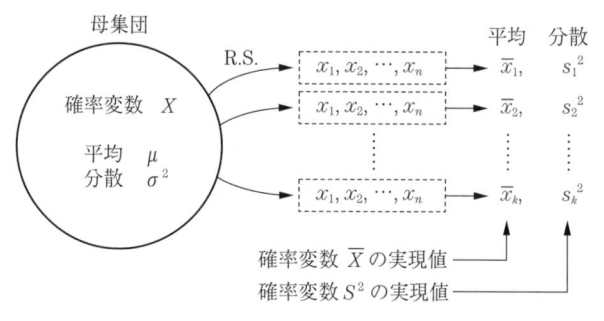

図 4.1 標 本 抽 出

てよい．また，有限母集団の場合は，取り出したデータは一度元に戻しつぎのデータを抽出すると考えればよい．このことから，$X_1, X_2, \cdots, X_n$ はたがいに独立と考えられる．このような確率変数の組 $(X_1, X_2, \cdots, X_n)$ を**無作為標本**または単に**標本**と呼ぶ．このとき，$\bar{x}, s^2$ はつぎの確率変数の実現値であると考えてよい：

$$\overline{X} = \frac{1}{n}(X_1 + X_2 + \cdots + X_n), \quad \text{(標本平均)} \tag{4.1}$$

$$S^2 = \frac{1}{n-1}\sum_{i=1}^{n}(X_i - \overline{X})^2. \quad \text{(標本分散)} \tag{4.2}$$

ただし，確率変数 $X_1, X_2, \cdots, X_n$ はたがいに独立で

$$E(X_i) = \mu, \quad V(X_i) = \sigma^2, \quad (i = 1, 2, \cdots, n) \tag{4.3}$$

を満たすとする．確率変数としての標本平均 $\overline{X}$，標本分散 S^2 は，数値であるデータの平均 $\bar{x}$，分散 s^2 とは異なることをつねに注意せよ．

定義 4.2 母集団の母数 θ に対応する確率変数 Θ が

$$E(\Theta) = \theta \tag{4.4}$$

を満たすとき，Θ は θ の**不偏推定量**（unbiased estimator）であるという．

注意：もし，$E(\overline{X}) = \mu$ ならば，標本平均 $\overline{X}$ は μ の不偏推定量であるという．このとき，図 4.1 のように標本抽出を何回も繰り返し，その都度平均値を計算するならば，"それらの平均の平均は μ に近づく" ということがいえる．

定理 4.1 標本平均 $\overline{X}$, 標本分散 S^2 はそれぞれ μ, σ^2 の不偏推定量であり，次式が成り立つ：

$$(1) \quad E(\overline{X}) = \mu, \quad V(\overline{X}) = \frac{\sigma^2}{n}, \qquad (2) \quad E(S^2) = \sigma^2. \tag{4.5}$$

証明

(1) まず，$\overline{X}$ が μ の不偏推定量であることを示す．定理 2.2 より

$$E(\overline{X}) = E\left(\frac{1}{n}(X_1 + X_2 + \cdots + X_n)\right)$$
$$= \frac{1}{n}\{E(X_1) + E(X_2) + \cdots + E(X_n)\} = \frac{n\mu}{n} = \mu.$$

また，$\overline{X}$ の分散は

$$V(\overline{X}) = V\left(\frac{1}{n}(X_1 + X_2 + \cdots + X_n)\right)$$
$$= \frac{1}{n^2}\{V(X_1) + V(X_2) + \cdots + V(X_n)\} = \frac{n\sigma^2}{n^2} = \frac{\sigma^2}{n}$$

となるので，n が大きくなると散らばりの度合いは 0 に近づくことがわかる．

(2) $E(S^2)$

$$= \frac{1}{n-1} E\left(\sum_{i=1}^{n}(X_i - \overline{X})^2\right) = \frac{1}{n-1} E\left(\sum \{(X_i - \mu) - (\overline{X} - \mu)\}^2\right)$$
$$= \frac{1}{n-1} E\left(\sum (X_i - \mu)^2 - 2(\overline{X} - \mu)\sum(X_i - \mu) + \sum(\overline{X} - \mu)^2\right)$$
$$= \frac{1}{n-1} E\left(\sum (X_i - \mu)^2 - 2n(\overline{X} - \mu)^2 + n(\overline{X} - \mu)^2\right)$$
$$= \frac{1}{n-1} \{\sum E((X_i - \mu)^2) - nE((\overline{X} - \mu)^2)\}$$
$$= \frac{1}{n-1} \{\sum V(X_i) - nV(\overline{X})\} = \frac{1}{n-1}\left(n\sigma^2 - n \cdot \frac{\sigma^2}{n}\right) = \sigma^2$$

となるので，S^2 は σ^2 の不偏推定量である． □

例 4.1

(1) 標本分散 (4.2) は 2 乗和を $(n-1)$ で割っているが,n で割ったもの $B^2 = \dfrac{1}{n}\displaystyle\sum_{i=1}^{n}(X_i - \overline{X})^2$ (この式を標本分散と呼ぶ本もある) は,σ^2 の不偏推定量ではない.なぜならば,定理 4.1 の証明 (2) と同様の計算で
$$E(B^2) = \frac{n-1}{n}\sigma^2$$
となるからである.

(2) 二項変数 X に対して,割合の変数 $\widehat{P} = \dfrac{X}{n}$ は,p の不偏推定量である.なぜならば $E\left(\dfrac{X}{n}\right) = \dfrac{np}{n} = p$ となるからである. ♡

例題 4.1 X_1, X_2, X_3 はたがいに独立で $E(X_i) = \mu$, $V(X_i) = \sigma^2$ ($i = 1, 2, 3$) を満たすとする.このとき,確率変数
$$X = \frac{1}{4}(X_1 + 2X_2 + X_3), \quad Y = \frac{1}{5}(\,2X_1 + 2X_2 + X_3 - 1)$$
についてつぎの問に答えよ.

(1) $E(X)$, $E(Y)$ を求めよ.また,どちらが μ の不偏推定量になるか.

(2) $V(X)$, $V(Y)$ を求め,大きさを比較せよ.

【解答】

(1) $E(X) = \dfrac{1}{4}\{E(X_1) + 2E(X_2) + E(X_3)\} = \dfrac{4\mu}{4} = \mu$,

$E(Y) = \dfrac{1}{5}\{2E(X_1) + 2E(X_2) + E(X_3) - 1\} = \dfrac{5\mu - 1}{5} = \mu - \dfrac{1}{5}$

だから,X が μ の不偏推定量である.

(2) $V(X) = \dfrac{1}{16}\{V(X_1) + 4V(X_2) + V(X_3)\} = \dfrac{3}{8}\sigma^2$,

$V(Y) = \dfrac{1}{25}\{4V(X_1) + 4V(X_2) + V(X_3)\} = \dfrac{9}{25}\sigma^2$

となるので,Y の分散のほうが小さい. ◇

ここで,次節以降で必要になるいくつかの定理を説明する.定理 4.2 (2) の証明は比較的簡単なので載せるが,それ以外の証明はやや難しい微積分を使う

ので省略する（証明が必要な読者は，文献 [9], p.176 以降を見よ）．

定理 4.2 （再生性の定理）

(1) X_1, X_2 は独立で，それぞれ二項分布 $B(n_1, p)$, $B(n_2, p)$ に従うとき，$X_1 + X_2$ は二項分布 $B(n_1 + n_2, p)$ に従う．

(2) X_1, X_2 は独立で，それぞれ $\lambda = \lambda_1$, $\lambda = \lambda_2$ のポアソン分布に従うとき，$X_1 + X_2$ は $\lambda = \lambda_1 + \lambda_2$ のポアソン分布に従う．

(3) X_1, X_2 は独立で，それぞれ正規分布 $N(\mu_1, \sigma_1^2)$, $N(\mu_2, \sigma_2^2)$ に従うとき，$X_1 + X_2$ は正規分布 $N(\mu_1 + \mu_2, \sigma_1^2 + \sigma_2^2)$ に従う．

証明 ここでは，証明が簡単な (2) のみを記す．
$P(X_1 = i) = e^{-\lambda_1} \dfrac{\lambda_1^i}{i!}$, $P(X_2 = j) = e^{-\lambda_2} \dfrac{\lambda_2^j}{j!}$ $(i, j = 0, 1, 2, \cdots)$, $Y = X_1 + X_2$ に対して，

$$\begin{aligned}
P(Y = k) &= \sum_{i+j=k} e^{-\lambda_1} \frac{\lambda_1^i}{i!} \cdot e^{-\lambda_2} \frac{\lambda_2^j}{j!} = e^{-(\lambda_1+\lambda_2)} \sum_{i=0}^{k} \frac{\lambda_1^i}{i!} \cdot \frac{\lambda_2^{k-i}}{(k-i)!} \\
&= e^{-(\lambda_1+\lambda_2)} \frac{1}{k!} \sum_{i=0}^{k} \frac{k!}{i!(k-i)!} \lambda_2^{k-i} \cdot \lambda_1^i \\
&= e^{-(\lambda_1+\lambda_2)} \frac{1}{k!} \sum_{i=0}^{k} {}_kC_i \lambda_2^{k-i} \cdot \lambda_1^i = e^{-(\lambda_1+\lambda_2)} \frac{1}{k!} (\lambda_1 + \lambda_2)^k.
\end{aligned}$$

□

つぎの結果は，分布の型に無関係に成り立つものであり，重要なものである．

定理 4.3 （中心極限定理 (central limit theorem)） $X_1, X_2, \cdots, X_n$ はたがいに独立で，平均 μ，分散 σ^2 の同じ分布に従うとする．このとき，X_i の分布が何であっても，n が大きくなれば，$\overline{X} = \dfrac{1}{n}(X_1 + X_2 + \cdots + X_n)$ の分布は正規分布 $N\left(\mu, \left(\dfrac{\sigma}{\sqrt{n}}\right)^2\right)$ に近づく．

例 4.2 確率変数 X は区間 $[0, 10]$ で一様分布するとする.すなわち,p.d.f. は $f(x) = \dfrac{1}{10}$ ($0 \leqq x \leqq 10$, 他の x では値は 0),期待値と分散は

$$E(X) = \int_0^{10} x\, \frac{1}{10} dx = \frac{1}{20}\left[x^2\right]_0^{10} = 5,$$

$$V(X) = \int_0^{10} (x-5)^2 \frac{1}{10} dx = \frac{1}{30}\left[(x-5)^3\right]_0^{10} = \frac{25}{3}.$$

X_i $(i = 1, 2, \cdots, n)$ は X と同じ分布とし,

$$\overline{X} = \frac{1}{n}\sum_{i=1}^n X_i$$

とおけば,定理 4.3 から n が大きくなれば,$\overline{X}$ の分布は正規分布 $N\left(5, \left(\dfrac{5}{\sqrt{3n}}\right)^2\right)$ に近づくことがわかる.表 **4.1** は,区間 $[0, 10]$ の一様乱数 30 個の平均を 300 個求め,その度数を調べた表である.データの平均と標準偏差は $\bar{x} = 5.015$, $s = 0.5524$ である.$\overline{X}$ の極限分布は正規分布 $N(5, 0.527^2)$ なので,累積相対度数と比較のため,対応する確率の値を載せた.表の最右欄はこれらの差である.$n = 30$ はそれほど大きな数ではないが,$\overline{X}$ の分布は極限分布の正規分布に非

表 **4.1** 標本平均 $\overline{X}$ の分布(乱数による実験)

階級	度数	累積相対度数	$N(5, .527^2)$	差
3.36〜3.65	0			
3.65〜3.95	7	.0233	.0233	.0
3.95〜4.25	18	.0833	.0778	.0055
4.25〜4.55	35	.2	.1977	.0023
4.55〜4.85	53	.3767	.3859	-.0092
4.85〜5.15	66	.5967	.6103	-.0136
5.15〜5.45	52	.77	.8023	-.0323
5.45〜5.75	42	.91	.9222	-.0122
5.75〜6.05	19	.9733	.9767	-.0034
6.05〜6.35	6	.9933	.9948	-.0015
6.35〜6.64	2	1.0000	.9991	.0009
合計	300			

常に近いことがわかる．**図 4.2** は，$\overline{X}$ の分布と正規分布を同じ平面上に描いたものである．非常によく近似しているのがわかるが，このように正規分布に近いデータは，コンピュータによる乱数発生実験では，7, 8 回に 1 回くらいの頻度で出現することも記しておく． ♡

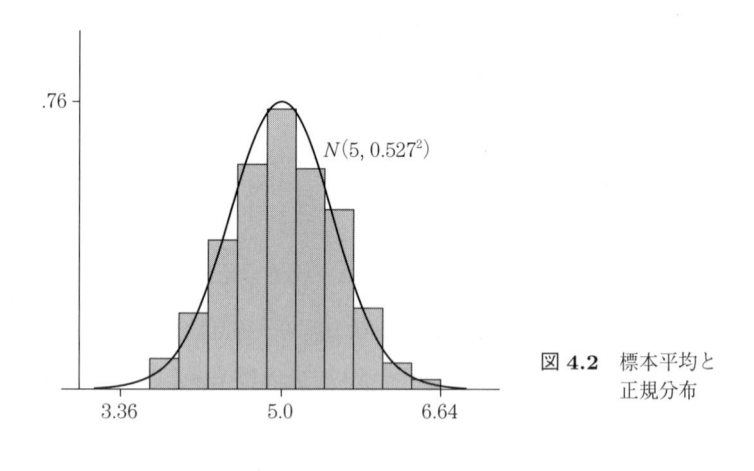

図 4.2 標本平均と正規分布

問 題 4.1

問 1. $X_i \ (i = 1, 2, 3)$ はたがいに独立で，平均 μ，分散 σ^2 の同じ分布に従うとする．

$$X = \frac{1}{4}(X_1 + X_2 + 2X_3), \ Y = \frac{1}{6}(2X_1 + 3X_2 + X_3), \ Z = \frac{1}{5}(X_1 + 2X_2 + 2X_3 - 2)$$

とおくとき，
(1) 各変数の期待値を求め，μ の不偏推定量となる変数はどれか答えよ．
(2) 各変数の分散を求め，大小を比較せよ．

注意：μ の不偏推定量がいくつかあったとき，分散が小さいものがよりよいとされる．一般に不偏推定量の中で最小の分散をもつものを**有効推定量**と呼ぶ．

問 2. $X_i \ (i = 1, 2, \cdots, n)$ はたがいに独立で，平均 μ，分散 σ^2 の同じ分布に従

うとする．$c_1 + c_2 + \cdots + c_n = 1$ のとき，線形推定量

$$Y = c_1 X_1 + c_2 X_2 + \cdots + c_n X_n$$

について，
(1) Y は μ の不偏推定量であることを示せ．
(2) $c_1 = c_2 = \cdots = c_n = \dfrac{1}{n}$ のとき，分散 $V(Y)$ は最小になることを示せ．

4.2　標本平均 $\overline{X}$ の分布

4.2.1　正規母集団からの標本抽出

母集団分布が $X \sim N(\mu, \sigma^2)$ のとき，この母集団を正規母集団と呼ぶ．この母集団から無作為抽出された n 個のデータの平均 $\bar{x}$ に対応する確率変数は，標本平均

$$\overline{X} = \frac{1}{n}(X_1 + X_2 + \cdots + X_n)$$

であり，これの分布については定理 4.1 および再生性の定理 4.2 からつぎのことがわかる．

定理 4.4　母集団分布が $X \sim N(\mu, \sigma^2)$ のとき，標本平均 $\overline{X}$ は，平均 μ，分散 σ^2/n の正規分布に従う．すなわち

$$\overline{X} \sim N\left(\mu, \left(\frac{\sigma}{\sqrt{n}}\right)^2\right). \tag{4.6}$$

例題 4.2　ある大学の男子学生の身長 X [cm] は正規分布 $N(172, 7^2)$ に従っているとする．いま，100 名をランダムサンプリングして平均を計算する．
(1) 平均 $\overline{X}$ が 173 cm 以上になる確率を求めよ．
(2) $P(|\overline{X} - 172| \leq a) = 0.95$ を満たす a の値を求めよ．

【解答】

(1) $\overline{X} \sim N\left(172, \left(\dfrac{7}{\sqrt{100}}\right)^2\right) = N(172, 0.7^2)$ より，$Z = \dfrac{\overline{X} - 172}{0.7}$

を用いて，$\dfrac{173 - 172}{0.7} \fallingdotseq 1.43$ だから

$$P(173 \leqq \overline{X}) = P(1.43 \leqq Z) = 0.5 - P(0 \leqq Z < 1.43) = 0.5 - 0.4236 = 0.0764.$$

(2) 正規分布の表から $P(|Z| \leqq 1.96) = 0.95$ がわかるので，

$$1.96 = \dfrac{\overline{X} - 172}{0.7} \text{ より, } a = 0.7 \times 1.96 = 1.372 \text{ である.} \qquad \diamond$$

問 1. 上の例題において，$\overline{X}$ の標準偏差を 0.7 の半分以下にするには，標本の大きさをいくつ以上にすればよいか．

4.2.2 非正規母集団からの標本抽出

X_i $(i = 1, 2, \cdots, n)$ はたがいに独立で，平均 μ，分散 σ^2 の 1 つの非正規分布に従うとき，前節の中心極限定理は，$\overline{X}$ の分布について 1 つの示唆を与えてくれる．すなわち，$\overline{X}$ の分布は，n が大きくなるとき，$N(\mu, (\sigma/\sqrt{n})^2)$ に近づくので，この正規分布をそのまま利用するということである．

母集団分布が二項分布やポアソン分布に従うときは，再生性の定理から $\overline{X}$ も再び同じ型の分布に従うので，その分布を使うか正規分布の近似を使うかを決めればよい．

また，分布が未知のときは中心極限定理に頼らざるを得ない．このとき，n がどのくらいの大きさならば正規分布で近似できるだろうかという問題が残る．前節の例 4.2 は，$n = 30$ で，正規分布は十分よい近似であった．この例 1 つで結論を出すことはできないが，経験的に "$n \geqq 25$ ならば正規分布はよい近似を与える" といわれている．しかし，この教科書では $n \geqq 30$ のとき，正規分布の近似を用いることとする．

[**非正規分布に対する正規近似**] 母集団分布は「$X \sim$（平均 μ，分散 σ^2 の非正規分布）または（未知の分布）」とする．このとき，$n \geqq 30$ ならば，標本平均 $\overline{X}$ はつぎの正規分布で近似できる：

$$\overline{X} \sim N\left(\mu,\ \left(\frac{\sigma}{\sqrt{n}}\right)^2\right). \tag{4.7}$$

例題 4.3 ある県の小学校 4 年生男子の体重 X [kg] について，平均 $\bar{x}$ は毎年少しずつ異なる値であるが，標準偏差は大体一定で 5 kg であるという（これを σ とみなし，未知の母平均を μ とする）．この母集団から 40 人をランダムサンプリングして体重を測るとき，標本平均が μ と 1 kg 以上異なる確率はいくらか．

【解答】 X の分布は未知，$n = 40 > 30$ なので正規近似を使うと

$$\overline{X} \sim N\left(\mu,\ \left(\frac{5}{\sqrt{40}}\right)^2\right) = N(\mu,\ 0.7906^2)$$

となる．計算を簡単にするため，変数を $Y = \overline{X} - \mu$ と変換する．このとき，

$$E(Y) = E(\overline{X} - \mu) = E(\overline{X}) - \mu = 0, \quad V(Y) = V(\overline{X}) = 0.7906^2$$

がわかるので，$Y \sim N(0,\ 0.7906^2)$．$Z = \dfrac{Y - 0}{0.7906}$ より，$\dfrac{1}{0.7906} \fallingdotseq 1.26$．

$$P(\,|\overline{X} - \mu| \geq 1\,) = P(\,|Y| \geq 1\,) = P(\,|Z| \geq 1.26\,)$$
$$= 2\{0.5 - P(0 \leq Z < 1.26)\} = 0.2076.\ （答）\quad \diamond$$

問 2. 上の例題で，確率 $P(\,|\overline{X} - \mu| \leq 0.5\,)$ を求めよ．

4.2.3 スチューデントの t 分布

母集団分布が $X \sim N(\mu,\ \sigma^2)$ のとき，定理 4.4 から，確率変数

$$Z = \frac{\overline{X} - \mu}{\dfrac{\sigma}{\sqrt{n}}} \tag{4.8}$$

は標準正規分布 $N(0, 1^2)$ に従うことがわかる．このことは，標本平均 $\overline{X}$ の誤差や確率を考えるときの基本原理として重要な意味をもつ．しかしながら，一般には未知であることが多い母数 σ が式 (4.8) には含まれているので，$N(0, 1^2)$ を使うためには σ に十分近い推定値がなければならない．もちろん，標本から

計算された標準偏差 s を使うしかないのであるが，n が小さいときは σ の推定値として十分信頼することはできない．

このような問題を解決する1つの新しい確率変数がゴセット（ペンネームはスチューデント）によって1908年発表された．当初から少数例を扱うための方法として発表されたということだが，その後，フィッシャーによって体系づけられた（1926年）．その新しい確率変数 T は，式 (4.8) によく似た形の式で**スチューデントの t 変数**と呼ばれる：

$$T = \frac{\overline{X}-\mu}{\dfrac{S}{\sqrt{n}}} = \frac{\overline{X}-\mu}{S}\sqrt{n}. \tag{4.9}$$

ここに，$\overline{X}$ と S は，標本平均および**標本標準偏差**

$$\overline{X} = \frac{1}{n}\sum_{i=1}^{n} X_i, \quad S = \sqrt{\frac{1}{n-1}\sum_{i=1}^{n}(X_i-\overline{X})^2}$$

である．すなわち，T は確率変数が2つ入った変数であり，母数 σ を使わずに標本値だけで種々の計算を処理しようというものである．変数 T の分布理論を正確に記すのは難しいので，ここでは結果のみを挙げる．

定理 4.5 母集団分布は $X \sim N(\mu, \sigma^2)$ とする．無作為抽出された大きさ n の標本に対して，標本平均 $\overline{X}$ と標本標準偏差 S で
定義された確率変数 $T = \dfrac{\overline{X}-\mu}{S}\sqrt{n}$ についてつぎのことが成り立つ：

(1) T は**自由度** $\nu = n-1$ の t 分布に従う．確率密度関数は

$$f_{n-1}(x) = \frac{\Gamma\left(\frac{n}{2}\right)}{\sqrt{(n-1)\pi}\,\Gamma\left(\frac{n-1}{2}\right)} \frac{1}{\left(1+\dfrac{x^2}{n-1}\right)^{\frac{n}{2}}}. \tag{4.10}$$

ここでの x の範囲は $-\infty < x < \infty$ である．

(2) $n \geq 4$ に対して，$E(T) = 0$，$V(T) = \dfrac{n-1}{n-3}$

(3) $n \to \infty$ のとき,t 分布は標準正規分布 $N(0, 1^2)$ に近づく.

注意:確率密度関数には,Γ(ガンマ)関数の値が使われている.Γ 関数は

$$\Gamma(s) = \int_0^\infty x^{s-1} e^{-x} dx \tag{4.11}$$

で定義された関数で,$\Gamma(1) = 1$,$\Gamma\left(\frac{1}{2}\right) = \sqrt{\pi}$ である.また,$\Gamma(s+1) = s\Gamma(s)$ を満たすので,n が自然数のとき,$\Gamma(n+1) = n!$ となる.

p.d.f. $f_{n-1}(x)$ は n に依存して形が変わる関数であり,グラフは図 **4.3** のようになる.n が 30 より大きくなると,標準正規分布とほぼ重なってしまう.t 分布を使って確率計算をすることはほとんどないが,推定や検定の問題では確率 90%,95% などを基準にしてものごとを考えるので,付録の表 III を利用して計算する.例えば,$\nu = 10$ のとき,

$$P(1.812 \leqq T) = 0.05, \qquad P(|T| < 2.228) = 0.95$$

などを読み取ることができる.

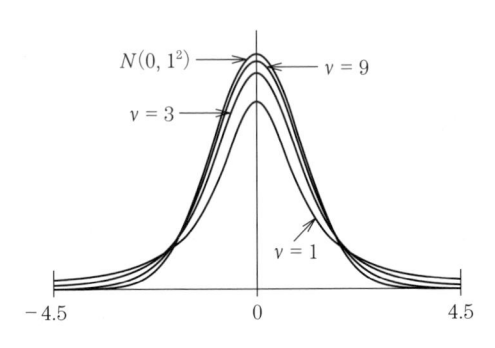

図 **4.3** t 分布の確率密度関数

例題 4.4 $X \sim N(200, \sigma^2)$ である母集団から 12 個の標本をランダムサンプリングするとき,$5\overline{X} - S \leqq 1000$ となる確率を求めよ.

【解答】 σ が未知なので，t 分布を用いる．
$T = \dfrac{\overline{X} - 200}{S}\sqrt{12}$ は自由度 11 の t 分布に従う．与式より，$\dfrac{\overline{X} - 200}{S} \leq \dfrac{1}{5}$．したがって，

$$T = \dfrac{\overline{X} - 200}{S}2\sqrt{3} \leq \dfrac{2\sqrt{3}}{5} = 0.6928.$$

表 III. から，$P(.540 \leq T) = .30,\ P(.697 \leq T) = .25$ がわかるので，線形補間して $P(T \leq 0.6928) = 0.7487$ を得る． ◇

問 3. 上の例題で，$4\overline{X} - S \geq 800$ を満たす確率を求めよ．

問　題　4.2

問 1. ある県の高校 2 年生女子の立ち幅跳びの距離 X [cm] は，正規分布 $N(168,\ 22^2)$ に従うという．いま，n 人の女子生徒を無作為に選び，X を測定し平均を計算したとする．
　(1)　$n = 50$ に対して，$P(163 \leq \overline{X} \leq 173)$ を求めよ．
　(2)　$n = 100$ に対して，$P(163 \leq \overline{X} \leq 173)$ を求めよ．
　(3)　$n = 100$ のとき，標本平均が 166 以下になる確率を求めよ．

問 2. ある大学に入学してくる学生の，高校 3 年次の数学の総合評価 X（100 点満点）は，過去 5 年間の統計で，平均は 62 点，標準偏差は 18 であった．今年の新入生もこの結果に従うと仮定してつぎの問に答えよ．
　(1)　55 人を無作為に選んだとき，平均 $\overline{X}$ が 65 点以上になる確率を求めよ．
　(2)　120 人を無作為に選んだとき，$P(a \leq \overline{X}) = 0.05$ を満たす a を求めよ．

問 3. ある銘柄のタバコ 1 本に含まれるニコチン含有量 X [mg] は正規分布 $N(5,\ \sigma^2)$ に従うとする．このタバコ 14 本について，ニコチン含有を調べるとする．
　(1)　$\bar{x} = 5.2,\ s = 0.4$ を得た．このようなデータは分布の右側 5 % に入るかまたは右側 2.5 % に入るか答えよ．
　(2)　不等式 $0 \leq \overline{X} - 5 \leq \dfrac{1}{3}S$ を満たす確率を求めよ．

5 推定

5.1 母平均 μ の推定

母集団から無作為抽出されたデータ $x_1, x_2, \cdots, x_n$ によって，母集団の母数 μ や σ^2 などを推定することを考える．われわれはすでに標本平均 $\overline{X}$，標本分散 S^2 はそれぞれ μ, σ^2 の不偏推定量であることを知っている．したがって，データから得られた平均 $\bar{x}$ と分散 s^2 を μ, σ^2 の推定値とすることは自然な成り行きである．すなわち，$\bar{x}, s^2$ を用いて予測をしたり，いろいろな計算を行う．

一般に，母数 θ を推定する方法として，**点推定**（point estimation）と**区間推定**（interval estimation）がある：

① **点 推 定**…… データから得られた 1 つの数値 a を母数 θ の推定値と考えること．この場合，a は点推定値と呼ばれ，母数 θ との差が問題となる．
  〔例〕 データの平均 $\bar{x} = 120$ を μ の点推定値としたとき，点推定値と μ の差の絶対値が 4 以下になる確率は 95 % である．

② **区 間 推 定**…… データから得られた数値（$\bar{x}, s^2$ など）を用い，母数が含まれると期待される区間を確率付きで示す．
  〔例〕 μ が含まれると期待される区間は，99 % の確率で $[12.22, 14.73]$ である．

5.1.1 正規母集団の場合

母集団分布が正規分布 $N(\mu, \sigma^2)$ のとき,推定の問題をつぎの例で考察する.

例 5.1 ある製菓会社の人気商品はボール型のアーモンド入りチョコレートである.生産が追い付かないので新しい生産ラインを作り,製造を始めた.すでに稼動している生産ラインでは,チョコレート 1 粒の重さ X 〔g〕は正規分布に従うことがわかっているので,新ラインでも正規分布を仮定する.X の平均は各生産ラインで若干異なるが,標準偏差は大体一定で 2.1 g であるという.新しい生産ラインで作られるチョコレートの重さの平均を μ とし,標準偏差は他のラインのものと同じで 2.1 g を仮定する.いま,新しいラインで作られた 60 粒を無作為抽出し,平均を調べたところ 10.5 g であった.

問題 1. $\bar{x} = 10.5$ を μ の点推定値としたとき,どの程度正確か確率 95 % で答えよ.

【解答】 $\overline{X} \sim N\left(\mu, \left(\dfrac{2.1}{\sqrt{60}}\right)^2\right) = N(\mu, 0.2711^2)$ より,$Z = \dfrac{\overline{X} - \mu}{0.2711}$ とおく.確率 95 % に対して $P(|Z| \leq 1.96) = 0.95$ である(図 **5.1**).不等式 $|Z| \leq 1.96$ は,書き直すと

$$-1.96 \leq \frac{\overline{X} - \mu}{0.2711} \leq 1.96 \quad \Leftrightarrow \quad \mu - 1.96 \times 0.2711 \leq \overline{X} \leq \mu + 1.96 \times 0.2711$$

すなわち,

$$\mu - 0.5314 \leq \overline{X} \leq \mu + 0.5314. \quad \cdots (*)$$

したがって,問題 1 の答は

 "点推定値と μ の差の絶対値が 0.5314 以下になる確率は 95 % である",

または,つぎのように書いてもよい:

 "$|\overline{X} - \mu| \leq 0.5314$ となる確率は 95 % である".

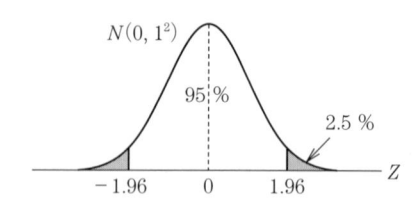

図 **5.1** 確率 95 % の範囲

◇

注意：上の数値 0.5314 は**推定値の誤差**と呼ばれる．推定値の誤差 e の一般式は

$$e = z_0 \frac{\sigma}{\sqrt{n}} \tag{5.1}$$

であり，z_0 は

確率が 90 % のとき，$z_0 = 1.645$，
確率が 95 % のとき，$z_0 = 1.96$，
確率が 99 % のとき，$z_0 = 2.576$，

というように変化する値である．また，初めから推定値の誤差はある値以下でなければならないというような問題もあるので，そのときは標本の大きさをどのくらいにすればよいかが上の式からわかる．

問題 2. 推定値の誤差が 95 % の確率で 0.4 を超えないといえるためには，標本の大きさをいくつ以上にすればよいか．

【解答】 $\overline{X} \sim N\left(\mu, \left(\frac{2.1}{\sqrt{n}}\right)^2\right)$ だから，確率 95 % の式

$$P\left(\mu - 1.96 \frac{2.1}{\sqrt{n}} \leqq \overline{X} \leqq \mu + 1.96 \frac{2.1}{\sqrt{n}}\right) = 0.95 \tag{5.2}$$

より，$e = 1.96 \frac{2.1}{\sqrt{n}} \leqq 0.4$ を満たす n を求めればよい．

$$n \geqq \left(1.96 \times \frac{2.1}{0.4}\right)^2 = 105.9 \quad より, n \geqq 106. \quad （答） \qquad \diamondsuit$$

問題 3. $n = 60$ の標本から，μ の **95 % 信頼区間**を求めよ．

【解答】 問題 1 の式 (∗) から

$$\overline{X} - 0.5314 \leqq \mu \leqq \overline{X} + 0.5314$$

と表される．この式の $\overline{X}$ に標本値 $\bar{x} = 10.5$ を代入したものが 95 % 信頼区間と定義される．したがって，答は $[9.969, 11.03]$．$\qquad \diamondsuit$

問 1. この例で，チョコボールの重さの 99 % 信頼区間を求めよ．

注意：一般に，$100(1 - \alpha)$ % 信頼区間は，標本値 $\bar{x}$ を用いて，

$$\left[\bar{x} - z_0 \frac{\sigma}{\sqrt{n}}, \ \bar{x} + z_0 \frac{\sigma}{\sqrt{n}}\right] \tag{5.3}$$

と書ける．z_0 は与えられた確率 $(1-\alpha)$ に依存して決まる値である（問題 1 の注意参照）．信頼区間は数値で表されるが，あくまでも，μ が入っていると期待される区間であって，そこに入っていない可能性もあるのである．

推定・検定における上の例のような，確率付きの答はどのような意味をもっているのであろうか．基本的には，天気の確率予報もほぼ同じ考えに基づいている．よりよく理解するためには，同じサンプリング（実験）を 100 回行ったと仮定したとき，結論としての答が 95 回くらいは正しい（確率 95 % でものをいうとき）と考えればよい．点推定は図 **5.2** のように，100 個の平均値のうち 95 個くらいは区間 $\left[\mu - 1.96\dfrac{\sigma}{\sqrt{n}},\ \mu + 1.96\dfrac{\sigma}{\sqrt{n}}\right]$ に入るということを意味し，区間推定は図 **5.3** のように，100 個の信頼区間のうち 95 個くらいは μ を含むということを意味していると考えればよい．

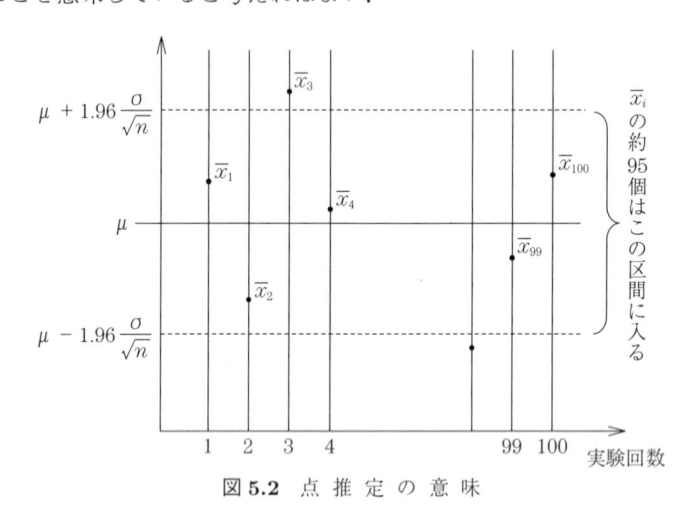

図 **5.2** 点推定の意味

例 5.1 では，母標準偏差 σ は既知であったが，未知の場合は $\overline{X}$ の標準偏差 $\dfrac{\sigma}{\sqrt{n}}$ をこれに十分近い推定値で置き換えなければならない．そのような推定値は標本標準偏差を用いた $\dfrac{s}{\sqrt{n}}$ であるが，推定値の誤差の値にそれほど差が生じないという保証がないかぎり使えない．もちろん，n が十分大きければ問題ないのだが，実際にいくつくらいの n であればいいのかは難しい問題である．こ

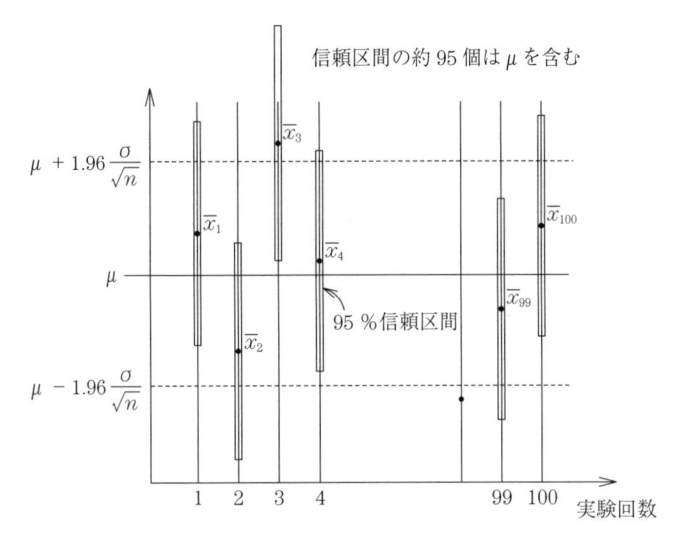

図 5.3 区間推定の意味

れに対しても，経験的な結論は得られていて，$n \geq 25$ ならば大標本であり誤差は小さいとされている．しかしながら，この教科書では中心極限定理の応用としての正規近似を決定したときと同様に，$n \geq 30$ を基準にしてつぎの大標本法を用いることとする．

[**大標本法**（large sample method）] 母標準偏差 σ が未知のとき，$n \geq 30$ ならば，推定値の誤差は $e = z_0 \dfrac{s}{\sqrt{n}}$ で近似できる．したがって $100(1-\alpha)$ %信頼区間は

$$\left[\bar{x} - z_0 \frac{s}{\sqrt{n}},\ \bar{x} + z_0 \frac{s}{\sqrt{n}} \right] \tag{5.4}$$

となる．ここに，z_0 は問題 1 の注意で示した値である．

5.1.2 小標本の場合

標本の大きさが $n < 30$ のとき，小標本と呼ぶことにする．いま，母集団分布 $N(\mu, \sigma^2)$ の σ が未知で，さらに標本が小標本のとき，前節の方法は使えないので，4.2 節で述べた t 分布を用いることになる．$0 < \alpha < 1$ なる α に対して，確率 $P(t_0 \leq T) = \alpha$ を満たす t_0 を t_α と書くことにする（図 **5.4**）．

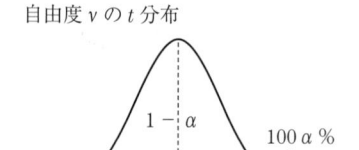

図 5.4　片側 100α %点

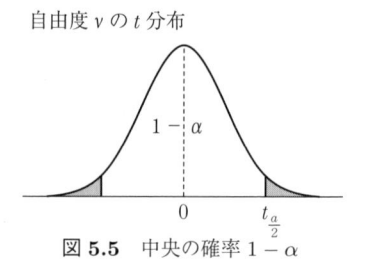

図 5.5　中央の確率 $1-\alpha$

また，確率 $1-\alpha$ を基準にして，$P(|T| \leq t_{\frac{\alpha}{2}}) = 1-\alpha$ と書くことができる（図 5.5）．確率の中の不等式は

$$-t_{\frac{\alpha}{2}} \leq \frac{\overline{X}-\mu}{S}\sqrt{n} \leq t_{\frac{\alpha}{2}}$$

なので，この式に標本値 $\bar{x}, s$ を代入して，$100(1-\alpha)$ %信頼区間

$$\left[\bar{x} - t_{\frac{\alpha}{2}} \frac{s}{\sqrt{n}}, \ \bar{x} + t_{\frac{\alpha}{2}} \frac{s}{\sqrt{n}} \right] \tag{5.5}$$

を得る．

例題 5.1　ある実験動物 R 用に新しいエサが作られた．生後約 1 箇月の 18 匹の R を新しいエサで 3 週間飼育した結果，つぎに示すような体重増（単位はオンス）のデータが得られた．

22, 26, 18, 30, 24, 26, 20, 28, 21, 23, 29, 31, 25, 23, 16, 22, 28, 25

過去の経験から，新しいエサで飼育される生後約 1 箇月の実験動物 R の体重増 X は，正規分布 $N(\mu, \sigma^2)$ に従うものと考える．

(1)　μ に対する 90 %信頼区間を求めよ．
(2)　μ に対する 95 %信頼区間を求めよ．

【解答】

(1)　データから，$\bar{x} = 24.28$, $s = 4.099$ がわかる．$T = \dfrac{\overline{X}-\mu}{S}\sqrt{18}$ は自由度 17 の t 分布に従うので，付録の表 III の $p = 0.05$, $\nu = 17$ の t の値 1.740 から $P(|T| \leq 1.740) = 0.9$ がわかる．よって，式 (5.5) から

$$24.28 - 1.740 \times \frac{4.099}{\sqrt{18}} \leq \mu \leq 24.28 + 1.740 \times \frac{4.099}{\sqrt{18}}$$

となるので，答は [22.60, 25.96]．

(2) $P(|T| \leq 2.110) = 0.95$ なので，上と同様に計算して答は [22.24, 26.32]．高い確率になるほど信頼区間は広がることに注意せよ． ◇

問 2. 上の例題で，μ に対する 99％信頼区間を求めよ．

5.1.3 非正規母集団の場合

母集団分布が非正規分布または未知の場合のときの μ の推定を考える．よりどころとなる理論は，4.2.2 項の正規近似である．標本の大きさが $n \geq 30$ のとき，母標準偏差 σ が既知ならばそのまま結果を使えるが，未知の場合は，使えない．

もし，n が大ならば σ を標本値 s で置き換えて利用することが可能なので，われわれは再び $n \geq 30$ のとき許されている大標本法を用いる．正規分布による近似と大標本法の 2 つを用いるということでかなり荒っぽい計算になるがやむを得ない．このようなとき，"正規近似および大標本法による"という断り書きが必要である．

例題 5.2 ある自動車メーカーは，新車のガソリン 1 l 当りの走行距離 X〔km〕を測るため，全国の支社で 50 台を選び実験した．その結果は，$\bar{x} = 21$, $s = 7.7$ であった．母平均を μ とし，確率 95％でつぎの問に答えよ．

(1) $\bar{x}$ を μ の推定値とするとき，推定値の誤差はいくつか．

(2) 推定値の誤差が 1.5 km 以下であると主張するためには，何台の車で実験すればよいか．

(3) このデータから走行距離の 95％信頼区間を求めよ．

【解答】 分布および σ も未知なので，正規分布の近似および大標本法を用いる．

(1) $\overline{X} \sim N\left(\mu, \left(\frac{7.7}{\sqrt{50}}\right)^2\right) = N(\mu, 1.089^2)$ より，推定値の誤差は
$e = 1.96 \times 1.089 = 2.134.$

(2)　$1.96 \times \dfrac{7.7}{\sqrt{n}} \leq 1.5$　より，$101.23 \leq n$，よって，答は 102 台以上．

(3)　$21 - 1.96 \times 1.089 \leq \mu \leq 21 + 1.96 \times 1.089$　より，95 % 信頼区間は [18.87, 23.13]．　　◇

問 3.　上の例題で，推定値の誤差を 1 km 以下にするには，何台の車で実験すればよいか．

問　題　5.1

問 1.　ある工場の経験によれば，無作為に選ばれた 1 人の工員がある特殊な仕事を完遂するために要する時間 X〔分〕は，標準偏差 18 分の正規分布に従うという．いま，25 人の工員を無作為に選んでこの仕事をやらせたところ，$\bar{x} = 52$ を得た．確率 95 % で以下の問に答えよ．
(1)　$\bar{x}$ を μ の推定値と考えたとき，どの程度正確か答えよ．
(2)　もし，64 人の工員を選んだとしたら，このときの推定値の誤差はどのくらいか．
(3)　標本値から，95 % 信頼区間を求めよ．

問 2.　中学校 3 年女子生徒の立ち幅跳びの距離 X〔cm〕の平均は 171.7 cm である（文科省統計要覧，平成 20 年度より）．東京都のある中学校では，生徒の運動能力の低さが長年問題視されていた．今年度の中 3 女子生徒 60 人をランダムに選び X を測定したところ，$\bar{x} = 164.2$，$s = 23$ であった．この中学校の中 3 女子全体の平均を μ として，以下の問に答えよ．
(1)　μ の 95 % 信頼区間を求めよ
(2)　この中学校の 3 年女子の平均は，全国平均に比べて低いといえるか否か，理由を付して答えよ．

問 3.　ある有名パン屋の手作り食パン 1 個の重さ X は約 2 ポンド (907.2 g) と宣伝されているが，正確なことはわかっていない．ただ，正規分布することは確かめられている．この食パン 13 個を無作為抽出し重さを量ったところ，$\bar{x} = 890$，$s = 32$ であった．
(1)　母平均の 90 % および 95 % 信頼区間を求めよ．
(2)　1 個の重さが約 2 ポンドというのは正しいといえるか，理由を付して答えよ．

5.2 二項母集団の割合 p の推定

ここでは,二項母集団を構成する個体数は非常に大きいと仮定する.例えば,首都圏の大学の学生全体,神奈川県の有権者全体,1つの工場で作られている製品全体などである.

1つの母集団で,ある性質 A をもつ個体の割合を p とする.すなわち,$P(A) = p$ であるが,この割合は一般に未知であることが多い.ここでの目的は,ランダムサンプリングされたデータからこの割合 p を推定することである.n 個のデータのうち A という性質をもつものの個数 $n(A)$ から,割合 $\hat{p} = \dfrac{n(A)}{n}$ は計算できるので,この値を p の推定値と考える(図 5.6).もちろん,$\hat{p}$ は p の不偏推定量

$$\widehat{P} = \frac{X}{n} \quad (X \text{ は二項変数で,とり得る値は } 0,\ 1,\ 2, \cdots,\ n\ ) \tag{5.6}$$

の実現値である.推定値の誤差や信頼区間を求めるために,定理 3.4 で示された正規分布の近似

$$\widehat{P} \sim N\left(p,\ \left(\sqrt{\frac{pq}{n}}\right)^2\right) \tag{5.7}$$

を用いる.ただし,条件 (3.10) と条件 (3.11) のチェックは忘れてはならない.

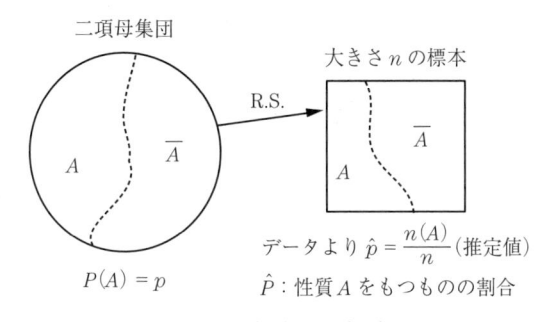

図 5.6 割合 p の推定

例題 5.3 過去 3 年間に K 大学に入学した新入生から無作為抽出された

268 名に対して，120 名の学生がアレルギー体質であった．学生全体のアレルギー体質の割合を p とするとき，このデータから，p の推定値についてつぎの問に答えよ．

(1) 推定値の誤差，および p の 95％信頼区間を求めよ．
(2) 確率 95％で推定値の誤差が 0.04 以下になるようにするには，何人のデータが必要か．

【解答】 データから，アレルギー体質をもつ者の割合は $\hat{p} = \dfrac{120}{268} = 0.4478$. 真の割合 p は当然未知なので，$\hat{p}$ を p の推定値として条件 (3.10), (3.11) を考える．
$np \fallingdotseq n\hat{p} = 120 > 10$, $n = 268 > 120$, $npq \fallingdotseq n\hat{p}\hat{q} = 66.26 > 30$ $(\hat{q} = 1-\hat{p})$
だから，連続補正なしで正規分布 $N\left(p, \left(\sqrt{\dfrac{pq}{n}}\right)^2\right)$ の近似を使う．しかし，p, q は未知なので標準偏差はわからない．これを解消するため，大標本法を用いる（n は十分大きいので大標本法は許される）．すなわち p, q の代わりに $\hat{p}, \hat{q}$ を用いる．したがって

$$\widehat{P} \sim N\left(p, \left(\sqrt{\dfrac{pq}{n}}\right)^2\right) \fallingdotseq N\left(p, \left(\sqrt{\dfrac{\hat{p}\hat{q}}{n}}\right)^2\right) = N(p, 0.03038^2)$$

として計算する．

(1) 推定値の誤差は $e = 1.96 \times 0.03038 = 0.05954$. 95％信頼区間は

$$0.4478 - 1.96 \times 0.03038 \leqq p \leqq 0.4478 + 1.96 \times 0.03038$$

より，[0.3883, 0.5073] である．

(2) 推定値の誤差が 0.04 以下とは $1.96 \times \sqrt{\dfrac{.4478 \times .5522}{n}} \leqq 0.04$ のことなので，この式から $593.7 \leqq n$，すなわち，答は 594 名以上．　　◇

問 4. 上の例題で，p の 90％信頼区間を求めよ．

上の例題では，n が十分に大きく，また p も $\dfrac{1}{2}$ に近かったので，連続補正なしで正規近似を使うことができた．もし，条件 (3.10) が満たされ，式 (3.11) が満たされないときは連続補正を用いて信頼区間などを求めなければならない．例えば，95％信頼区間は二項分布の変数に直したとき，補正分だけ縮むので

$$\left[\hat{p} - 1.96\sqrt{\frac{pq}{n}} + \frac{1}{2n},\ \hat{p} + 1.96\sqrt{\frac{pq}{n}} - \frac{1}{2n}\right] \tag{5.8}$$

となる（確率が変われば 1.96 の値も変わる）.

例題 5.4 あるテレビ会社の選挙報道を担当している専門家は，2 人が立候補し接戦を演じている選挙区の得票率を 0.01(1 %) 以下の誤差で推定可能であると述べている．99 % の確率で主張どおりの精度の推定値を得るためには，どれだけのデータをとらねばならないか．

【解答】 母集団の大きさは有権者の数なので非常に大きいとしてよい．また，2 人の候補者が立候補していて接戦を演じているということなので，一方の候補者の得票率を p とすると，$p = \frac{1}{2} = q$ と仮定してよい．得票率 $\widehat{P}$ は正規分布 $N\left(p, \left(\sqrt{\frac{pq}{n}}\right)^2\right)$ で近似できるので，標準正規分布の確率 $P(|Z| \leq 2.576) = 0.99$ より，推定値の誤差を表す式は

$$2.576\sqrt{\frac{0.5 \times 0.5}{n}} \leq 0.01 \iff n \geq \frac{2.576^2}{4 \times 0.0001} = 16589.4$$

すなわち，16590 人以上のデータを集めればよい． ◇

問 題 5.2

問 1. ある都市のある日の交通取締りで，80 名のドライバーのうち免許証不携帯または無免許の者が 12 名いた．この種の不法ドライバーの割合の 95 % 信頼区間を求めよ．

問 2. ある医院で昨年行った健康診断で，血糖値の検査を受けた 50 歳以上の男性 160 人中 42 人が血糖値 120 以上であった．この地域の 50 歳以上の男性（この集団を母集団とする）で血糖値が 120 以上である者の割合を p とするとき，p の 95 % 信頼区間を求めよ．

注意： 血糖値とは血液 1 dl 中のブドウ糖濃度 [mg] で，成人に対する正常値は 70 から 110 といわれている．

6 検　　定

6.1　仮説検定とは

われわれの研究対象はデータの源泉としての母集団であり，ある変数 X の分布は何か，平均 μ はいくつくらいか，分散 σ^2 はある値より大きいか小さいか，2つの母集団に対して変数 X は同じ性質をもつか否か，など知りたいことは沢山出てくる．データを分析すれば，母集団の母数について成り立つだろうと思われる法則・性質など（これらを説と呼ぶ）がある程度明らかになる．そのような説を**仮説**（hypothesis）と呼び，それが受け入れられるか否かを，データから得られる各種の値，確率分布または他の理論を用いて判定することを仮説の**検定**（test）と呼ぶ．仮説は通常それと対立する仮説も同時に考える．

定義 6.1　母集団についての1つの仮説を H_0 と書き，これと対立する仮説を H_1 と書き，H_0 の**対立仮説**（alternative hypothesis）と呼ぶ．

注意：仮説 H_0 は，多くの場合母数についての等式になる．例えば $\mu = 23$ とか，母集団が2つあるときは，2つの母平均に対して $\mu_1 - \mu_2 = 0$ が成り立つなど．また，対立仮説 H_1 は仮説よりも重要な役割を演ずることもある．

仮説 H_0 は，データから得られた各種標本値や確率分布などにより，正しいとみなされるか否かが，ある確率の下で判定される．

定義 6.2 仮説 H_0 は，それが正しいと判定されたとき**採択**（accept）するといい，H_0 が正しくないと判定されたとき，**棄却**（reject）するという．

注意：仮説 H_0 が採択か棄却かという概念は人間の判断であって，仮説が"真か偽か"という概念とは異なることに注意せよ．われわれはデータを基にして，仮説が受け入れられるか否かを判定するだけなのである．

仮説検定の方法をつぎの具体例で説明する．

例 6.1 アフリカ中東部のある国では，約 5 万年前の地層（これらの地層は数箇所に分散している）から原生人類（ホモサピエンス）の骨が 80 体以上発掘されている．成人のものと考えられる頭蓋骨も 60 個以上あり，さまざまな調査の結果，2 種類の人類（人種 A と B とする）がいたという結論に至った．頭蓋の大きさから脳の容量 X（単位は cc）が計算され人種 A では，$\bar{x} = 1600$, $s = 120$ ，人種 B では $\bar{x} = 1520$, $s = 100$ であった．

最近，別の約 5 万年前の地層から，成人のものと思われる 21 個の頭蓋骨が発掘され，X の平均と標準偏差は $\bar{x} = 1562$, $s = 110$ であった．考古学者の総合的な判断は"新しく発見された頭蓋骨は人種 A のものである"であった．この仮説 H_0 が受け入れられるか否か検定したい．ただし，人種 A と B のデータは，それぞれほぼ正規分布 $N(1600, 120^2)$, $N(1520, 100^2)$ に従っているとみなしてよいので，これらを人種 A, B の母集団分布と仮定する．

注意：現代人の脳容量の平均は約 1350 cc といわれている．約 5 万年前のホモサピエンスの脳容量は多くの発掘調査から，現代人のものよりかなり大きかったことが確かめられている．同時代のヨーロッパのネアンデルタール人の脳容量も同様に現代人よりも大きかったことがわかっている．

さて，仮説が成り立つということは，新しく発見された頭蓋骨の容量の母平均は 1600 であると考えてよいので

$$\text{仮説} \quad H_0: \mu = 1600,$$

対立仮説 $H_1: \mu = 1520$

とおく.

　仮説 H_0 が受け入れられるか否かは，判定の基準を決めれば答えることができる．答を出す前に，仮説検定の可能な結果について考えてみよう．重要なことは，"H_0 が真か偽か"は誰にもわからないということであるが，表 **6.1** で表わされるように 4 つの可能性がある．正しい判定になるのが望ましいが，**第 1 種の過誤**および**第 2 種の過誤**をおかす可能性はつねにある．通常は，仮説 H_0 が最も重要と考えられるので，第 1 種の過誤をおかす確率をなるべく小さくしたい．しかし，以下の考察でわかるように第 1 種の過誤をおかす確率を小さくすれば，第 2 種の過誤をおかす確率が大きくなる．このようなことから判定の基準をどうするかが 1 つの問題なのである．

表 **6.1** 可 能 な 結 論

真実＼判定	H_0 を採択	H_1 を採択
H_0 が真	正しい判定	第 1 種の過誤
H_1 が真	第 2 種の過誤	正しい判定

（Ⅰ）　判定基準を 1600 と 1520 の真ん中の 1560 としたとき（新しいデータの平均が A, B どちらの母平均に近いかで判定）：
仮説 H_0 の下で，　$\overline{X} \sim N\left(1600, \left(\dfrac{120}{\sqrt{21}}\right)^2\right) = N(1600, 26.19^2)$,
同様に，対立仮説 H_1 の下で，$\overline{X} \sim N\left(1520, \left(\dfrac{100}{\sqrt{21}}\right)^2\right) = N(1520, 21.82^2)$．これらの分布を図 **6.1** に示した．2 つの分布曲線を H_0 曲線，H_1 曲線と呼ぶ．新しいデータの平均値 $\bar{x} = 1562$ は，母集団 A の平均により近いので<u>仮説 H_0 を採択</u>する．もし，新しいデータの平均が H_0 曲線の塗りつぶした部分（$\overline{X} \leq 1560$）に落ちれば，仮説は棄却される．この塗りつぶした $\overline{X}$ の範囲は**棄却域**（critical region）と呼ばれる．

　さて，仮説は採択されたが，第 2 種の過誤が起こっている可能性もあるので，この確率を求めておこう．それは H_1 曲線で

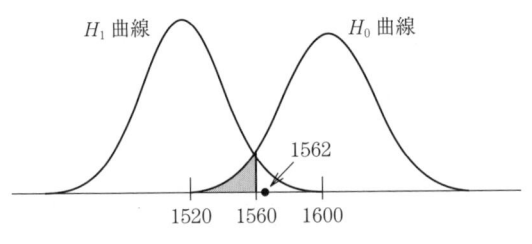

図 6.1 仮説検定 I

$$P(\overline{X} \geq 1560) = 0.5 - P(0 \leq Z < 1.83) = 0.0336 \ (= \beta \text{ とおく})$$

と計算される．もし，新しいデータの平均が棄却域に落ちていれば，結果は棄却になるが，このときは第 1 種の過誤が起こっている可能性があり，その確率は H_0 曲線で

$$P(\overline{X} \leq 1560) = 0.5 - P(0 \leq Z < 1.53) = 0.063 \ (= \alpha \text{ とおく})$$

となる．β を大きくせず α を小さく（または，$\alpha < \beta$ と）したいが，判定の基準点を動かせばそれに連動して確率 α, β は変化するので，β を増加させないで α を小さくすることはできない．このようなことから，α を一定にして判定することが普通になっている．

(II) 第 1 種の過誤をおかす確率を $\alpha = 0.05$ に設定し，その境界点を基準にしたとき：

まず，H_0 曲線で $P(\overline{X} \leq x_0) = 0.05$ を満たす左側 5 ％点 x_0 を求める：

$$x_0 = \mu - 1.645 \frac{120}{\sqrt{21}} = 1600 - 1.645 \times 26.19 = 1556.9.$$

この値より左側が棄却域であるが，標本値 $\bar{x} = 1562$ は x_0 の右側にあるので（図 6.2），<u>仮説は採択</u>される．このとき，第 2 種の過誤をおかしている確率は，H_1 曲線から

$$P(1556.9 \leq \overline{X}) = P(1.69 \leq Z) = 0.5 - P(0 \leq Z < 1.69) = 0.0455$$

となる．2 種類の基準で仮説検定を行ったが，共に採択という結果になった． ♡

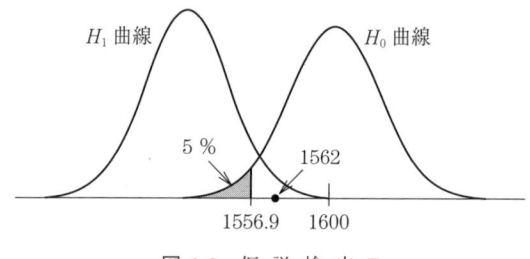

```
         H₁ 曲線              H₀ 曲線
```
(図: 2つの正規分布曲線, 5%, 1556.9, 1562, 1600 のラベル)

図 6.2 仮 説 検 定 II

今後は，仮説の判定は (II) のような第1種の過誤をおかす確率を基準とする．

定義 6.3 第1種の過誤をおかす確率 α を検定の**有意水準**（significance level）と呼ぶ．α は 0.05 や 0.01 が多く用いられる．

問 1. 例 6.1 (II) において，有意水準 $\alpha = 0.10$ で検定すると結果はどうなるか．$N(0, 1^2)$ の片側 10%点は線形補間で求めよ．

6.2 母平均 μ の検定

仮説検定のための基本公式や定理はすでに前章で述べてあるので，この節では例題を中心に記す．

例題 6.1 日本の14歳女子中学生の50m走のタイムの平均は8.7秒，標準偏差は1.2秒であり，分布はほぼ正規分布であるという．ある県のK中学校の14歳の女子36名を無作為抽出して50m走のタイムを測定した結果は，$\bar{x} = 9.3$，$s = 0.9$ であった．この中学校の生徒は走力が劣っているといえるか．有意水準5%で答えよ．

【解答】 X を50m走のタイムとすると，$X \sim N(8.7, 1.2^2)$ と考えてよい．K中学校の50m走の母平均を μ とする．データは明らかに全国平均より劣っていると思われるので，仮説は

仮説 $H_0 : \mu = 8.7$,
対立仮説 $H_1 : \mu > 8.7$

とおく．仮説 H_0 の下で，標本平均は

$$\overline{X} \sim N\left(8.7, \left(\frac{1.2}{\sqrt{36}}\right)^2\right) = N(8.7, \ 0.2^2)$$

なので，有意水準 5 % の境界点は $x_0 = 8.7 + 1.645 \times 0.2 = 9.029$. 標本値 9.3 は棄却域に落ちるので（図 **6.3**），<u>仮説は棄却</u> である．すなわち，K 中学校の女子生徒は走力が劣っているといえる． ◇

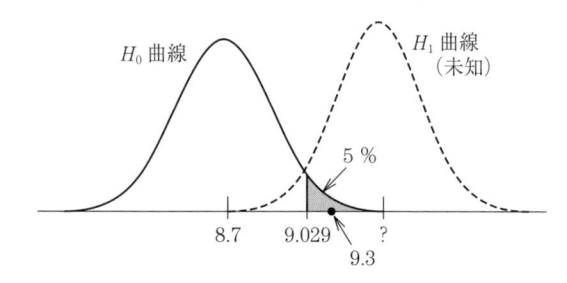

図 **6.3** 有意水準 5 % の検定

注意：上の計算では，H_0 曲線の右側 5 % 点 x_0 の値を求めて結論を導いたが，標本値 9.3 を標準化された変数 $z = \dfrac{9.3 - 8.7}{0.2} = 3$ に変換し，この値が 1.645（標準正規分布の右側 5 % 点）よりも大きいので仮説を棄却するという方法でもよい．

上の例のように，通常成り立つと思われていることとは異なるデータが得られたとき，それを仮説 H_0 に設定することは困難なことが多い．よって，いままで成り立つと思われていたことを仮説に設定せざるを得ない．このようなとき，仮説 H_0 は初めから棄却されてほしいという期待があるので，**帰無仮説** (null hypothesis) と呼ばれる．そして帰無仮説が棄却されたとき，結果は**有意である**（significant）といい，そうでないとき結果は**有意でない**という．このような言いまわしは，棄却域に落ちるようなデータを得たときは，なにか特別な意味があるにちがいないという考えからきている．

例題 6.2 ある大学では，入学時に新入生全員に，英語の到達度テストなるものを実施してきた．過去数年間の成績について，$\mu = 62$, $\sigma = 15$ がわかっている．今年度の新入生に対しては，任意に選ばれた 49 名についてのみテストが行われ，結果は，$\bar{x} = 65$, $s = 17$ であった．今年度の新入生の英語の能力は例年と同じとみなせるか，有意水準 5 % で答えよ．

【解答】 今年の新入生の到達度テストの得点の母平均を μ とする．データの $\bar{x} = 65$ は，過去の母平均 $\mu = 62$ と大きな差はないので，仮説をつぎのようにする．
　　　仮説 H_0 : $\mu = 62$,
　　対立仮説 H_1 : $\mu \neq 62$.
仮説 H_0 の下で，$\overline{X} \sim N(62, 2.143^2)$（正規近似）だから，この分布の右側 2.5 % の境界点は $x_0 = 62 + 1.96 \times 2.143 = 66.2$ となり，$62 < 65 < x_0$ なので **仮説は採択**（図 **6.4**）．今年度の新入生の英語の能力は優れているとはいえない． ◇

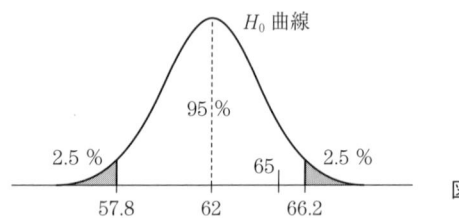

図 **6.4** 両側検定

問 2. 上の例題を，有意水準 $\alpha = 0.10$ で検定せよ．

いくつかの例で見たように，棄却域は片側の場合と両側の場合がある．

定義 6.4 H_0 曲線の片側 100α % 点を基準にした検定を **片側検定**（one-sided test）といい，両側 $\dfrac{100\alpha}{2}$ % 点を基準にした検定を **両側検定**（two-sided test）という．

注意：片側検定か，両側検定かは対立仮説に依存する．対立仮説が不等式または仮説

H_0 と異なる等式のときは片側検定で，対立仮説がノットイコール ($\neq$) の式のときは両側検定になる．

この節の最後に，小標本のときの t 分布を利用した検定の例をあげる．定理 4.5 を再び用いる．

例題 6.3 ある養鶏場では，生後 6 箇月以上のニワトリに与える新しいエサを開発した．エサの効果を見るため，18 羽を無作為抽出し 1 箇月間新しいエサで飼育して，体重増 X 〔g〕を量った結果は，

265, 240, 262, 255, 249, 271, 263, 255, 260,

245, 275, 265, 269, 250, 259, 266, 261, 239

であった．以前のエサでは体重増 X の平均は 250 g で，ほぼ正規分布に従っていたので，新しいエサの場合も正規分布を仮定する．このデータから，新しいエサは体重増に効果があるか否か $\alpha = 0.05$ で答えよ．

【解答】データの平均と標準偏差を求めると，$\bar{x} = 258.3$, $s = 10.32$ なので，効果があったように思われる．

仮説 $H_0 : \mu = 250$, 対立仮説 $H_1 : \mu > 250$

とおく．$X \sim N(\mu, \sigma^2)$ を仮定すると，仮説 H_0 の下で，

$$T = \frac{\overline{X} - \mu}{S}\sqrt{n} = \frac{\overline{X} - 250}{S}\sqrt{18}$$

は自由度 $\nu = 17$ の t 分布に従う．付録の表 III より，右側 5 % 点は $t_0 = 1.74$．一方データから T の実現値は $\dfrac{258.3 - 250}{10.32}\sqrt{18} = 3.412$ なので，仮説は棄却される．すなわち，新しいエサは効果があるといえる（結果は有意である，図 6.5）．

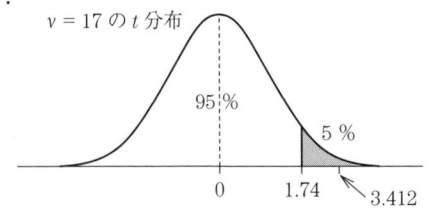

図 6.5 t 検定（小標本）

$\diamondsuit$

問　題　6.2

問 1. $X \sim N(\mu, 5^2)$ である母集団から大きさ $n = 50, 100$ の 2 組の標本をとって平均を求めたところ，共に $\bar{x} = 18.9$ であった．2 組の標本に対して仮説 $H_0 : \mu = 20$ を有意水準 5 ％で検定せよ．

問 2. 母分散 $\sigma^2 = 4$ の正規母集団から $n = 25$ の標本を無作為抽出し，

　　　仮説 $H_0 : \mu = 7$，　　対立仮説 $H_1 : \mu = 6$

を検定するとき，有意水準が $\alpha = 0.1151$ ならば，第 2 種の過誤をおかす確率はいくつか．

問 3. ある市役所では，長年 N 社の 40 W 蛍光灯を使っていてその平均寿命は 4380 時間，標準偏差は 220 時間であることがわかっている．最近，H 社の蛍光灯の性能がよいといわれているので，53 個の蛍光灯で実験したところ，$\bar{x} = 4435$ であった．H 社のものは N 社のものより優れているか，つぎの 2 つの有意水準で答えよ．
  (1) $\alpha = 0.05$ で検定せよ．
  (2) $\alpha = 0.01$ で検定せよ．

問 4. 正規母集団から $n = 20$ の標本が得られた：

　　　　26, 18, 19, 23, 22, 28, 20, 16, 26, 24,
　　　　20, 23, 27, 19, 25, 17, 24, 21, 23, 25

有意水準 5 ％でつぎの仮説を検定せよ．
  (1) $H_0 : \mu = 24,$　　$H_1 : \mu < 24$
  (2) $H_0 : \mu = 24,$　　$H_1 : \mu \neq 24$

問 5. 例題 5.1 のデータから，仮説 $H_0 : \mu = 26$ を有意水準 5 ％で検定せよ．

6.3　二項母集団の割合 p の検定

　ここでは，二項母集団から無作為抽出された標本が大きい場合，すなわち，正規分布で近似できるような問題を扱う．3 章の定理 3.4 を使うことになるが，どのような条件を満たすとき正規分布で近似できるか，もう一度復習しておこう．

(A1) もし,"$p \leq \frac{1}{2}$ ならば $np \geq 10$"または"$p > \frac{1}{2}$ ならば $nq \geq 10$"が成り立つとき,割合の変数 $\widehat{P}$ は正規分布 $N\left(p, \left(\sqrt{\frac{pq}{n}}\right)^2\right)$ で近似できる.さらに,

(A2) "$n \geq 120$, かつ $npq \geq 30$" ならば,連続補正なしで正規近似を使うことができる.

ということであった.正規分布を使うかぎり,検定の方法は前節と同じなので,以下例題で考察する.

例題 6.4 日本人の約 2 割 5 分は花粉症であるという報告がある.表 1.1 では,55 人の男子学生のうち 16 人が花粉症であった.K 大学の男子学生の花粉症の割合を p とするとき,$p = 0.25$ を有意水準 5 % で検定せよ.

【解答】 まず,データより花粉症の割合は $\hat{p} = 0.2909$.$np = 55 \times 0.25 = 13.75 \geq 10$ より $\widehat{P}$ は正規分布で近似できる.ただし,連続補正は必要である.

仮説 $H_0 : p = 0.25$, 対立仮説 $H_1 : p \neq 0.25$ とおく.

H_0 の下で,$\widehat{P}$ は正規分布 $N\left(0.25, \left(\sqrt{0.25 \times \frac{0.75}{55}}\right)^2\right) = N(0.25, 0.05839^2)$ で近似できる.両側検定より,H_0 曲線の右側 2.5 % 点は

$$p_0 = 0.25 + 1.96 \times 0.05839 + \frac{1}{110} = 0.3735 \qquad \left(\frac{1}{110} \text{ は補正分}\right)$$

なので,<u>仮説は採択</u>.すなわち,K 大学の男子学生の花粉症の割合は日本人全体の割合とほぼ同じとみなしてよい. ◇

例題 6.5 メンデルの「植物の雑種に関する実験」(1866 年) には,エンドウの雑種第 2 代における優性形質と劣性形質の分離について,7 種類の実験が報告されている.そのうちの 2 つの結果は

(1) 種子の色: 灰褐色 705, 白 224, 計 929,
(2) さやの色: 緑 428, 黄 152, 計 580.

である.(1), (2) について優性と劣性の表現型が 3 : 1 になるというメンデ

ルの遺伝の法則が成立しているか，有意水準 5％で答えよ．

【解答】

(1) 標本より，$\hat{p} = \dfrac{705}{929} = 0.7589$. 仮説は

$$\text{仮説 } H_0 : p = \frac{3}{4}, \qquad \text{対立仮説 } H_1 : p \neq \frac{3}{4}$$

とおく．$n = 929 > 120$, $nq = 232.3 > 10$, $npq = 174.2 > 30$ だから，仮説 H_0 の下で正規分布の近似

$$\widehat{P} \sim N\left(0.75, \left(\sqrt{\frac{0.75 \times 0.25}{929}}\right)^2\right) = N(0.75,\ 0.01421^2)$$

を連続補正なしで用いる．右側 2.5％の棄却域の境界点は

$$p_0 = 0.75 + 1.96 \times 0.01421 = 0.7778$$

で，$0.75 < 0.7589 < p_0$ となるので，仮説は採択 される（図 6.6）．

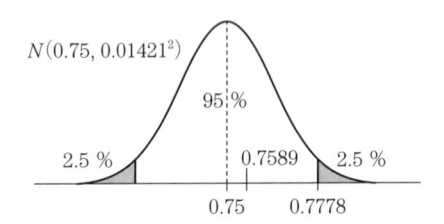

図 6.6 正規近似

(2) 標本より，$\hat{p} = \dfrac{428}{580} = 0.7379$. 仮説は

$$\text{仮説 } H_0 : p = \frac{3}{4}, \qquad \text{対立仮説 } H_1 : p \neq \frac{3}{4}$$

とおく．(1) と同様に，$n = 580$, $nq = 145$, $npq = 108.8$ なのでつぎの正規近似を連続補正なしで用いる：

$$\widehat{P} \sim N\left(0.75, \left(\sqrt{\frac{0.75 \times 0.25}{580}}\right)^2\right) = N(0.75,\ 0.01798^2).$$

片側検定で，左側 2.5％の棄却域の境界点は $p_0 = 0.75 - 1.96 \times 0.01798 = 0.7148$ で $p_0 < 0.7379$ だから，仮説は採択．(1), (2) いずれの結果もメンデルの遺伝法則に従っているといえる． ◇

問　題　6.3

問 1. サイコロを 360 回転がしたら，1 の目が 80 回出た．このサイコロは 1 の目が出やすいと判断してよいか．有意水準 5 ％で答えよ．

問 2. 表 2.1 より，O 型の血液型をもつ日本人の割合を $p = 0.292$ とする．表 1.1 では 55 人の男子学生のうち O 型の血液型をもつものは 34.5 ％であった．K 大学の O 型の血液型をもつ男子学生の割合は日本人全体の割合より大きいといえるか．有意水準 5 ％で答えよ．

問 3. 例題 6.5 で示されたと同じ実験で
  (1) 種子の形： 丸いもの 5474，角ばってしわのあるもの 1850，計 7324，
  (2) 草　丈： 高いもの 787，低いもの 277，計 1064，
について，優性と劣性が 3：1 になるというメンデルの法則が成り立っているか有意水準 5 ％で答えよ．

6.4　2 つの母平均の差の検定

　ある市役所では，新庁舎で使う蛍光灯を A 社のものにするか，B 社のものにするか迷っている．2 社から提供されたデータでは，価格と消費電力はほぼ同じであるが，平均寿命（時間）に少しの差があった．どちらの社の蛍光灯を選択すべきか，統計的に判定したいと考えている．このような問題，すなわち，2 つのグループがあったとき，それらの能力または仕事量に差があるのかないのかを決定する問題には，社会のいろいろな分野で頻繁に出会う．

6.4.1　2 つの正規母集団に対して

　最初に，2 つの正規母集団について，母平均がほとんど等しいか否かという問題を考察する．2 つの母集団を A, B とし，

　　　母集団 A に対して，　　$X_1 \sim N(\mu_1,\ \sigma_1^2)$，
　　　母集団 B に対して，　　$X_2 \sim N(\mu_2,\ \sigma_2^2)$

とする．ここに，X_1 と X_2 は独立な確率変数である．上の例で考えれば，X_1

が A 社の蛍光灯の寿命, X_2 が B 社の蛍光灯の寿命ということになる. 目的はつぎの仮説の検定である:

$$H_0 : \mu_1 - \mu_2 = 0, \quad H_1 : \mu_1 - \mu_2 \neq 0 \ (\text{or } \mu_1 > \mu_2 \text{ など}). \quad (6.1)$$

各母集団からの大きさ n_1, n_2 の標本平均をそれぞれ $\overline{X}_1, \overline{X}_2$ とすると, $E(\overline{X}_1) = \mu_1$, $E(\overline{X}_2) = \mu_2$ は明らかなので, 式 (6.1) の仮説検定を行うためには確率変数 $\overline{X}_1 - \overline{X}_2$ の分布が必要となる (図 **6.7**).

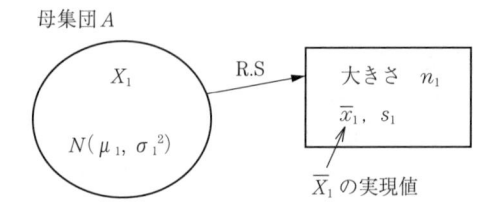

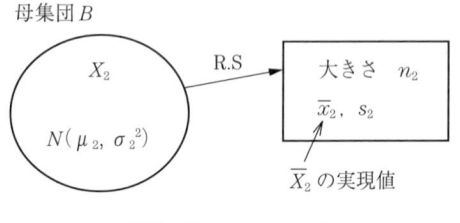

図 **6.7** 母平均の差の検定

$$E(\overline{X}_1 - \overline{X}_2) = \mu_1 - \mu_2, \quad V(\overline{X}_1 - \overline{X}_2) = \frac{\sigma_1^2}{n_1} + \frac{\sigma_2^2}{n_2} \quad (6.2)$$

であり, また, $\overline{X}_1 - \overline{X}_2$ は正規分布となる (再生性の定理より) のでつぎの定理を得る.

定理 6.1 X_1, X_2 は, それぞれ 2 つの母集団 A, B の独立な確率変数とし

$$X_1 \sim N(\mu_1, \sigma_1^2), \quad X_2 \sim N(\mu_2, \sigma_2^2) \quad (6.3)$$

を満たすとする. 母集団 A, B からの大きさ n_1, n_2 の標本平均をそれぞれ $\overline{X}_1, \overline{X}_2$ とすると, 確率変数 $\overline{X}_1 - \overline{X}_2$ はつぎの正規分布に従う:

$$\overline{X}_1 - \overline{X}_2 \sim N\left(\mu_1 - \mu_2, \left(\sqrt{\frac{\sigma_1^2}{n_1} + \frac{\sigma_2^2}{n_2}}\right)^2\right). \qquad (6.4)$$

注意:

1. σ_1, σ_2 が未知のとき,もし $n_1 \geq 30, n_2 \geq 30$ ならば,σ_1, σ_2 の代わりに標本の標準偏差 s_1, s_2 を使うことは許される(大標本法).
2. 仮定 (6.3) が成り立たないとき,すなわち,母集団分布が非正規分布または未知のとき,もし $n_1 \geq 30, n_2 \geq 30$ ならば,再び中心極限定理により近似的に式 (6.4) が成り立つと考えてよい(正規近似).このときさらに,σ_1, σ_2 が未知ならば,大標本法を用いることは許される.

以下,例題で母平均の差の検定を説明する.

例題 6.6 ある市役所は新庁舎で使う 40 W 蛍光灯を A 社のものにするか B 社のものにするか検討中である.価格や消費電力はほぼ同じであるが,寿命 X(時間)に少し差がある.2 社から示されたデータ(個数,平均,標準偏差)は,

A 社: $n_1 = 64, \quad \bar{x}_1 = 4100, \quad s_1 = 265,$

B 社: $n_2 = 58, \quad \bar{x}_2 = 4200, \quad s_2 = 250$

であった.A 社の蛍光灯の寿命の母平均を μ_1,B 社の母平均を μ_2 として,つぎの仮説を有意水準 5% で検定せよ.

$$H_0 : \mu_1 - \mu_2 = 0, \qquad H_1 : \mu_1 < \mu_2.$$

ただし,A, B 社の蛍光灯の寿命は共に正規分布に従うものとする.

【解答】 母集団 A からの大きさ 64 の標本平均を $\overline{X}_1$,同様に B からの大きさ 58 の標本平均を $\overline{X}_2$ とすると,$\overline{X}_1 - \overline{X}_2$ は定理 6.1 より,式 (6.4) の表す正規分布に従う.しかし,A, B の母分散はわからないので標本値を使うことにする(大標本法).仮説 H_0 の下で

$$\overline{X}_1 - \overline{X}_2 \sim N\left(0, \left(\sqrt{\frac{265^2}{64} + \frac{250^2}{58}}\right)^2\right) = N(0, \ 46.64^2)$$

となるので, H_0 曲線の左側 5%点は $x_0 = 0 - 1.645 \times 46.64 = -76.72$. 標本値 $\bar{x}_1 - \bar{x}_2 = -100$ は x_0 より小さいので, 仮説は棄却される. すなわち, 結果は有意であって母平均は同じとはいえない (B社の蛍光灯のほうが寿命は長い). ◇

6.4.2 正規分布による近似

2つの母集団分布が非正規分布または未知のとき, 標本数が共に30以上ならば, $\overline{X}_1$ と $\overline{X}_2$ は共に正規分布

$$N\left(\mu_1, \left(\frac{\sigma_1}{\sqrt{n_1}}\right)^2\right), \quad N\left(\mu_2, \left(\frac{\sigma_2}{\sqrt{n_2}}\right)^2\right)$$

で近似できるので, 定理 6.1 の式 (6.4) を使うことができる. さらに, σ_1, σ_2 が未知のときは, これらを標本値 s_1, s_2 で置き換えることが可能である (大標本法).

例題 6.7 ある農場では伝統的な1つの仕事があり, これは昔からずっと同じやり方を踏襲してきた (作業 A と呼ぶ). しかし, 最近能率のよい新しい方法が開発され (作業 B と呼ぶ), 可能ならば作業 B に切り換えたいと考えている. それぞれの作業で仕事をやってもらい作業時間〔分〕のデータをとったところ

  作業 A: 人数 40, 　平均時間 63 分, 　標準偏差 20 分

  作業 B: 人数 49, 　平均時間 56 分, 　標準偏差 18 分

であった. 新しい方法は能率がよいといえるか, 有意水準 $\alpha = 0.05$ で検定せよ.

【解答】 作業 A による作業時間の母平均を μ_1, B による作業時間の母平均を μ_2 とし,

  仮説 $H_0 : \mu_1 - \mu_2 = 0$, 　対立仮説 $H_1 : \mu_1 > \mu_2$

を検定する. 作業時間の分布はわからないが, 大標本なので仮説 H_0 の下で, つぎの正規近似が使える:

$$\overline{X}_1 - \overline{X}_2 \sim N\left(0, \left(\sqrt{\frac{20^2}{40} + \frac{18^2}{49}}\right)^2\right) = N(0, 4.076^2).$$

右側 5％点は　$x_0 = 0 + 1.645 \times 4.076 = 6.705$　で，標本値は　$\bar{x}_1 - \bar{x}_2 = 7$　なので仮説は棄却される．すなわち，作業 B は能率がよいといえる．　◇

問 3. 上の例題を，有意水準　$\alpha = 0.01$　で検定せよ．

6.4.3 小標本の場合

2つの正規母集団の母平均の差の検定を再び考えるが，ここでは σ_1, σ_2 は未知で，しかも標本の大きさは共に 30 より小さいとする．このようなときに使える定理などは，まだ学んでいないのでこの節で小標本に対応できる1つの定理を証明なしで示す．しかし，この結果は2つの母集団 A, B の分散が等しいときのみに成り立つことに注意されたい．

定理 6.2　2つの正規母集団 A, B があり，それぞれの確率変数 X_1, X_2 は独立で　$X_1 \sim N(\mu_1, \sigma^2)$,　$X_2 \sim N(\mu_2, \sigma^2)$　とする．また，母集団 A, B からの大きさ n_1, n_2 の標本平均を $\overline{X}_1$, $\overline{X}_2$，標本標準偏差を S_1, S_2 とする．このとき，確率変数

$$T = \frac{\overline{X}_1 - \overline{X}_2 - (\mu_1 - \mu_2)}{\sqrt{(n_1-1)S_1^2 + (n_2-1)S_2^2}} \sqrt{\frac{n_1 n_2 (n_1 + n_2 - 2)}{n_1 + n_2}} \tag{6.5}$$

は，自由度 $\nu = n_1 + n_2 - 2$ の t 分布に従う．

注意： A, B の母分散が σ^2 と等しいとき，2つの標本分散 S_1^2, S_2^2 は共に σ^2 の不偏推定量である．したがって，2つの合併された標本に対して確率変数

$$U^2 = \frac{(n_1-1)S_1^2 + (n_2-1)S_2^2}{n_1 + n_2 - 2} \tag{6.6}$$

は σ^2 の不偏推定量となる．定理 6.1 の式 (6.4) から

$$Z = \frac{\overline{X}_1 - \overline{X}_2 - (\mu_1 - \mu_2)}{\sqrt{\dfrac{\sigma_1^2}{n_1} + \dfrac{\sigma_2^2}{n_2}}} \sim N(0, 1^2)$$

がわかっているので，この式の分母を　$\dfrac{U^2}{n_1} + \dfrac{U^2}{n_2}$　の平方根で置き換えれば

$$\sqrt{\frac{U^2}{n_1}+\frac{U^2}{n_2}}=\sqrt{\frac{(n_1-1)S_1^2+(n_2-1)S_2^2}{n_1+n_2-2}}\sqrt{\frac{n_1+n_2}{n_1n_2}}$$

となるので，式 (6.5) が得られる．この変数は自由度 $\nu=n_1+n_2-2$ の t 分布に従うことが知られている．

例題 6.8 （文献 [7], p.182 より）以下のデータは，1974 年 4 月 27 日付の Newsweek 紙で報道された実験で，マリファナが性生活に及ぼす影響を調べたものである．集団 I には，20 人の健康な若者が選ばれ，1 週少なくとも 4 日，最低 6 週間にわたりマリファナを吸わせたが，この期間中他の薬は一切使用させなかった．もう 1 つの集団 II として，マリファナを吸わない 20 人の若者が比較のために選ばれた．性活動の尺度として測られたのは，血液中の男性ホルモン "テストステロン" の量 X 〔ng/dl〕であった．実験の結果，つぎのデータを得た：

集団 I : $n_1=20,\quad \bar{x}_1=416,\quad s_1=152,$

集団 II : $n_2=20,\quad \bar{x}_2=742,\quad s_2=130.$

マリファナ常習者の集団を母集団 A，マリファナを吸わない集団を母集団 B とし，テストステロンの量はそれぞれ X_1, X_2 で表し

$$X_1\sim N(\mu_1,\sigma^2),\quad X_2\sim N(\mu_2,\sigma^2)$$

を仮定する（分散は等しいことに注意せよ）．このとき，仮説 $H_0:\mu_1=\mu_2$ を有意水準 $\alpha=0.05$ で検定せよ．

注意：テストステロン（testosterone, $C_{19}H_{28}O_2$）は精巣から分泌される男性ホルモンの代表的なもので，成人男性の血中濃度の平均は 640 ng/dl といわれている．

【解答】 この 2 種類のデータは，検定するまでもなく明らかな違いがあるように見えるが，

$$H_0:\mu_1=\mu_2,\quad H_1:\mu_1<\mu_2$$

とおく．定理 6.2 より，仮説 H_0 の下で，

$$T = \frac{\overline{X}_1 - \overline{X}_2 - 0}{\sqrt{19S_1^2 + 19S_2^2}} \sqrt{\frac{400 \times 38}{40}}$$

は自由度 $\nu = 38$ の t 分布に従う．付録の表 III には $\nu = 38$ の値はないので，自由度 30 と 40 の 5％点から線形補間で $\nu = 38$ のときの分布の左側 5％点 t_0 を求めると，$t_0 = -1.686$ となる．一方，データから T の実現値は

$$T = \frac{-326}{\sqrt{19 \times 152^2 + 19 \times 130^2}} \sqrt{\frac{400 \times 38}{40}} = -7.288$$

なので，仮説は棄却される．よって，母集団 A と B ではテストステロンの量に明らかな差があるといえる． ◇

注意：例題 6.8 および問題 6.4，問 3 のような平均値の差の検定は，2 つのグループの標本に特別な対応はないので，2 標本間に対応のない場合の検定 と呼ばれている．これとは異なり，問 4. のように同じ個体（または，同じタイプの個体）に対する 2 種類のデータを扱う検定は，2 標本間に対応のある場合の検定 と呼ばれ，2 標本間の差を変数として，それの母平均が 0 か否かの検定を行うことになる（定理 4.5 を用いる）．すなわち，母集団の独立がいえないので定理 6.2 は使えない．

問 題 6.4

問 1. 2 つの正規母集団 A, B からつぎの 2 組の標本を得た：
　　母集団 A： $n_1 = 36$, 　$\bar{x}_1 = 30$, 　$s_1 = 9$,
　　母集団 B： $n_2 = 40$, 　$\bar{x}_2 = 27$, 　$s_2 = 11$.
仮説 $H_0 : \mu_1 = \mu_2$ を $\alpha = 0.05$ で検定せよ．

問 2. 100 羽のニワトリを 50 羽ずつ 2 つのグループに分け，2 種類のエサ A, B で一定期間飼育して，体重増[g]を量ってつぎのデータを得た：
　　エサ A のグループ： $\bar{x}_1 = 680$, 　$s_1 = 70$,
　　エサ B のグループ： $\bar{x}_1 = 640$, 　$s_1 = 60$.
仮説 $H_0 : \mu_1 = \mu_2$ を $\alpha = 0.05$ で検定せよ．

問 3. ある石油会社では，自家用車用の新しいガソリンの開発に成功した．同一の車種をもっているユーザーを 2 つのグループに分け，一方に旧ガソリン，他方に新ガソリンを提供し，走行距離 X [km/l] を測ったところつぎのデータを得た：
　　旧ガソリンのグループ： $n_1 = 16$, 　$\bar{x}_1 = 18.93$, 　$s_1 = 4.35$,
　　新ガソリンのグループ： $n_2 = 14$, 　$\bar{x}_2 = 22.71$, 　$s_2 = 4.14$,

2つのグループが属する母集団はそれぞれ正規母集団で分散は等しいと仮定して，新ガソリンは走行距離を伸ばしたといえるか．有意水準5％で検定せよ．

問 4. (問 3 のつづき) 車種の異なる 11 台の車に，新・旧ガソリン（表中では，新 gas・旧 gas と表記）を提供して走行実験を行い，各車について**表 6.2** のデータを得た．各車の走行距離の伸び X ((下段)−(上段))[km] は正規分布に従うと仮定して，新ガソリンは走行距離を伸ばしたといえるだろうか．有意水準 5 ％で下の問に答えよ．ただし，μ は走行距離の伸び X の期待値である．(ヒント：定理 4.5 を用いよ．)

(1) 変数 X のデータから平均と標準偏差を求めよ．
(2) $H_0 : \mu = 0$ を片側検定せよ．
(3) $H_0 : \mu = 4$ を両側検定せよ．

表 6.2 走 行 距 離

車 No.	1	2	3	4	5	6	7	8	9	10	11
旧 gas	13.2	18.2	23.7	20.5	19.2	16.8	24.2	12.4	18.3	21.6	14.8
新 gas	16.6	24.2	22.9	25.7	23.1	19.0	26.7	18.8	17.7	25.1	16.0

6.5 2つの割合の差の検定

ある特性 A に注目した 2 つの二項母集団 B_1, B_2 について，A であるものの割合 p_1, p_2 がほとんど等しいかそうでないかという問題は沢山ある．例えば，肺がんにかかる割合が喫煙者と非喫煙者で差があるかないかというような問題である．このような問題では，帰無仮説

$$H_0 : p_1 - p_2 = 0 \tag{6.7}$$

を検定することが多くなるであろう．図 **6.8** に示すように，母集団 B_1 からの大きさ n_1 の標本のうち，特性 A をもつものの割合を $\hat{p}_1$，同様に B_2 からの大きさ n_2 の標本のうち，特性 A をもつものの割合を $\hat{p}_2$ とする．これらに対応した確率変数 $\widehat{P}_1, \widehat{P}_2$ は，n_1, n_2 が条件 (3.10) を満たすほど十分大きいと仮定すると，それぞれ正規分布で近似できる：

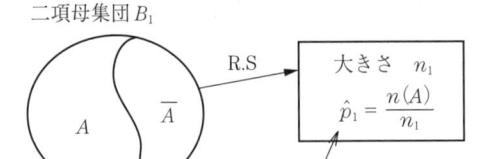

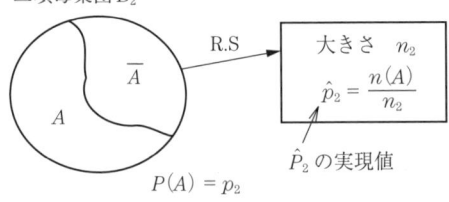

6.5 2つの割合の差の検定

二項母集団 B_1 から R.S で大きさ n_1, $\hat{p}_1 = \dfrac{n(A)}{n_1}$ ($\hat{P}_1$ の実現値), $P(A) = p_1$.

二項母集団 B_2 から R.S で大きさ n_2, $\hat{p}_2 = \dfrac{n(A)}{n_2}$ ($\hat{P}_2$ の実現値), $P(A) = p_2$.

仮説 $H_0 : p_1 - p_2 = 0$

図 **6.8** 割合の差の検定

$$\widehat{P}_1 \sim N\left(p_1, \left(\sqrt{\frac{p_1 q_1}{n_1}}\right)^2\right), \quad \widehat{P}_2 \sim N\left(p_2, \left(\sqrt{\frac{p_2 q_2}{n_2}}\right)^2\right). \quad (6.8)$$

このとき,仮説検定には $\widehat{P}_1 - \widehat{P}_2$ の分布

$$\widehat{P}_1 - \widehat{P}_2 \sim N\left(p_1 - p_2, \left(\sqrt{\frac{p_1 q_1}{n_1} + \frac{p_2 q_2}{n_2}}\right)^2\right) \quad (6.9)$$

が使われる.したがって,帰無仮説 (6.7) の検定には,

$$\widehat{P}_1 - \widehat{P}_2 \sim N\left(0, \left(\sqrt{p_1 q_1 \left(\frac{1}{n_1} + \frac{1}{n_2}\right)}\right)^2\right) \quad (6.10)$$

を使うことになるが,一般に p_1 は未知なので,$p_1 = p_2 = p$ の推定値

$$\hat{p} = \frac{n_1 \hat{p}_1 + n_2 \hat{p}_2}{n_1 + n_2} \quad (6.11)$$

を利用する(大標本法による).

問 4. 帰無仮説 H_0 の下では,式 (6.11) に対応する確率変数 $\widehat{P} = \dfrac{n_1 \widehat{P}_1 + n_2 \widehat{P}_2}{n_1 + n_2}$ は,p の不偏推定量であることを示せ.

例題 6.9 都知事候補の K 氏は,都内の S 区ではランダムサンプリング

した 300 人中 60 人の支持があり，郊外の H 市では 289 人中 47 人の支持があった．S 区の支持率は H 市の支持率より高いといえるか，有意水準 5％で検定せよ．

【解答】 S 区での支持率を p_1，H 市での支持率を p_2 とする．データは $\hat{p_1} = 0.2$, $\hat{p_2} = 0.1626$ である．$n_1 p_1 \fallingdotseq 300 \times 0.2 = 60$, $n_1 p_1 q_1 \fallingdotseq 48$, $n_2 p_2 \fallingdotseq 289 \times 0.1626 = 47$, $n_2 p_2 q_2 \fallingdotseq 39.4$ となり，条件 (3.11) を満たすので $\widehat{P}_1, \widehat{P}_2$ はそれぞれ正規分布で近似できる（連続補正なしで使用）：

$$\widehat{P}_1 \sim N\left(p_1, \left(\sqrt{\frac{p_1 q_1}{300}}\right)^2\right), \quad \widehat{P}_2 \sim N\left(p_2, \left(\sqrt{\frac{p_2 q_2}{289}}\right)^2\right).$$

したがって，$\widehat{P}_1 - \widehat{P}_2$ は式 (6.9) で表される正規分布に従うとしてよい．さて，仮説を

$$H_0 : p_1 - p_2 = 0, \quad H_1 : p_1 > p_2$$

とおく．p_1 の推定値として，$\hat{p} = \dfrac{60 + 47}{300 + 289} = .1817$ を選べば，確率変数 $\widehat{P}_1 - \widehat{P}_2$ は正規分布

$$N\left(0, \left(\sqrt{0.1817 \times 0.8183 \left(\frac{1}{300} + \frac{1}{289}\right)}\right)^2\right) = N(0, \ 0.03178^2)$$

で近似できる（大標本法）．H_0 曲線の右側 5％点は $p_0 = 0 + 1.645 \times 0.03178 = 0.05228$．データから $\hat{p}_1 - \hat{p}_2 = 0.0374$ だから <u>仮説は採択</u>．すなわち支持率に違いはない． ◇

問　題　6.5

問1. 表 6.3 は，アブラムシに 2 つの殺虫剤 A, B を散布したときの死亡数と生存数を示す．殺虫剤の効果に差があるといえるか，有意水準 5 ％で検定せよ．

表 6.3

殺虫剤	死亡	生存
A	325	90
B	360	60

問2. 千葉県銚子市と岩手県宮古市では，1 年間の霧の発生の状況は非常によく似ていて，ある年の 4 月から 8 月の間（153 日間）に何日霧が発生したかの記録は

　　　　銚子 $\cdots$ 35.4 日，　宮古 $\cdots$ 32.5 日

であった．この 2 地点で霧の発生する割合は同じとみなせるか，有意水準 5 ％で検定せよ．

7 カイ2乗検定

7.1 適合度の検定

最初に，χ^2（カイ2乗）分布についてふれるが，分布を導くための詳細はやや高度な微積分を使うのでここでは省略する．理論的背景を知りたい読者は文献 [3],p.63 を参照されたい．

確率変数 X が標準正規分布 $N(0,\ 1^2)$ に従うとき，確率変数 X^2 の分布を問題にする．この分布が自由度 1 の χ^2 分布であり，やはり分布の再生性（定理 4.2 参照）が成り立つので，k 個の独立な変数 X_i（$i=1,2,\cdots,k$）の 2 乗和の分布も χ^2 分布となる．

定理 7.1

(1) $X \sim N(0,\ 1^2)$ のとき，X^2 は自由度 $\nu=1$ の χ^2 分布に従う．

(2) たがいに独立な確率変数 $X_1,\ X_2,\cdots,\ X_k$ がそれぞれ $N(0,\ 1^2)$ に従うとき，カイ2乗変数

$$\chi^2 = X_1^2 + X_2^2 + \cdots + X_k^2 \tag{7.1}$$

は自由度 $\nu=k$ の χ^2 分布に従う．確率密度関数は

$$f_k(x) = \frac{1}{2\,\Gamma\left(\frac{k}{2}\right)} \left(\frac{x}{2}\right)^{\frac{k}{2}-1} e^{-\frac{x}{2}}, \quad (0 < x < \infty) \tag{7.2}$$

で与えられる．また，χ^2 の期待値と分散はつぎのようになる：

$$E(\chi^2) = k, \ V(\chi^2) = 2k. \quad (k = 1, 2, \cdots) \tag{7.3}$$

注意：
1. 確率密度関数 $f_\nu(x)$ のグラフは図 **7.1** のようになる．

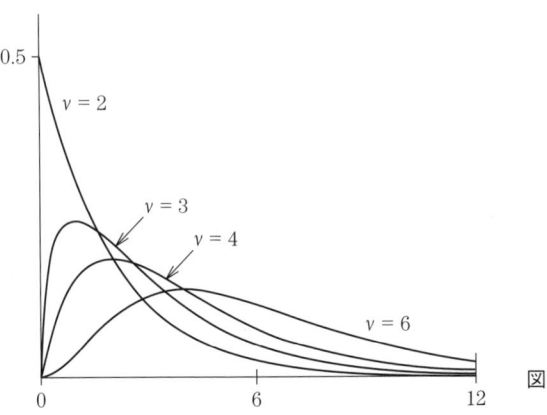

図 **7.1** カイ 2 乗分布

2. つぎの結果も重要：『 $X \sim N(\mu, \sigma^2)$ なる正規母集団からの大きさ n の標本分散を S^2 とするとき，次式で定義された確率変数 χ^2

$$\chi^2 = \frac{(n-1)S^2}{\sigma^2} = \frac{\sum_{i=1}^{n}(X_i - \overline{X})^2}{\sigma^2} \tag{7.4}$$

は，自由度 $n-1$ の χ^2 分布に従う 』．この統計量は母分散 σ^2 の推定や検定に用いられる．

問 1. 式 (7.3) の $E(\chi^2) = k$ を示せ．

χ^2 分布の確率を示す表は付録の表 IV である．例えば自由度 $\nu = 14$ のとき，

$P(\chi_0^2 \leqq \chi^2) = 0.05$ を満たす χ_0^2 は <u>23.6848</u>,

$P(\chi_0^2 \leqq \chi^2) = 0.01$ を満たす χ_0^2 は <u>29.1412</u>

であり，下線部の値が表になっている．

さて，ある実験の結果の度数分布表が理論から予想できる分布に適合してい

るか否か，またはある母集団から無作為抽出されたデータの度数分布が理論どおりであるか否かを検定する**適合度の検定** (test of goodness of fit) について，例で説明しよう．

例 7.1 サイコロを 90 回投げる実験で，$A_i = \{i\text{の目が出る}\}$ としたとき，**表 7.1** の結果を得た：

表 7.1 度 数 分 布

事象 A_i	A_1	A_2	A_3	A_4	A_5	A_6
度数 O_i	9	18	17	14	20	12

ここに，$P(A_i) = \dfrac{1}{6}$ $(i = 1, 2, \cdots, 6)$ なので，理論的な出現度数はすべて 15 である．1 の目の出方が少なく，5 の目の出方が多いようであるが，この結果が理論に適合しているといえるか否かを検討しよう．仮説は

$$H_0 : P(A_1) = P(A_2) = \cdots = P(A_6) = \frac{1}{6} \quad (\text{サイコロは正常})$$

とおく．対立仮説 H_1 は，H_0 の否定であるが，適合度の検定では省略することが多い．検定の有意水準は $\alpha = 0.05$ とする．

ここで，実験結果（observation）と期待度数（expected frequency）をまとめると**表 7.2** のようになる．実際と理論の食い違いをみる確率変数として，つぎの χ^2 変数を導入する：

$$\chi^2 = \sum_{i=1}^{6} \frac{(O_i - e_i)^2}{e_i}. \tag{7.5}$$

表 7.2 度 数 分 布

目の数	1	2	3	4	5	6	合計
実験結果 O_i	9	18	17	14	20	12	90
期待度数 e_i	15	15	15	15	15	15	90

O_i は実験の度ごとに変わる変数なので確率変数である．各項が期待度数で割られているのは，変数の 1 つの標準化とみなしてよい．もし，この割り算がなけ

れば，試行回数 n が増えたとき χ^2 の値はいくらでも大きくなってしまうからである．さて，式 (7.5) の χ^2 の分布がわからなければ検定することはできない．この変数は基本的には式 (7.1) に似た変数でつぎの結果が利用できる：

定理 7.2 事象 A_i $(i = 1, 2, \cdots, k)$ がたがいに排反で確率が $P(A_i) = p_i$ のとき，n 回の試行における各事象の出現回数を n_i $(n_1 + n_2 + \cdots + n_k = n)$ とすれば，確率変数

$$\chi^2 = \sum_{i=1}^{k} \frac{(n_i - np_i)^2}{np_i} = \sum_{i=1}^{k} \frac{(O_i - e_i)^2}{e_i} \qquad (7.6)$$

の分布は，$n \to \infty$ のとき自由度 $\nu = k - 1$ の χ^2 分布に近づく．

注意：式 (7.6) の χ^2 変数を変形すると

$$\chi^2 = \sum_{i=1}^{k} q_i \frac{\left(\dfrac{n_i}{n} - p_i\right)^2}{\dfrac{p_i q_i}{n}} = \sum q_i \left(\frac{\widehat{P_i} - p_i}{\sqrt{\dfrac{p_i q_i}{n}}}\right)^2 = \sum (1 - p_i) Z_i^2 \qquad (7.7)$$

となる．Z_i は 2 項変数を n で割った割合の変数を正規化したものだから，n, p_i, q_i が条件 (3.10) を満たすとき，定理 3.4 から $N(0, 1^2)$ で近似できる．具体的には，

$$\min \{ np_i, nq_i \} \geq 10 \qquad (i = 1, 2, \cdots, k) \qquad (7.8)$$

を満たすとき定理の χ^2 分布が使えると考えてよい．

このサイコロの例は，条件 (7.8) を満たし，さらに式 (7.7) から

$$\chi^2 = \sum_{i=1}^{6} \frac{(O_i - e_i)^2}{e_i} = 5Z^2 \qquad (Z \sim N(0, 1^2)) \qquad (7.9)$$

と表されるので，自由度 $\nu = 5$ の χ^2 分布に従うとしてよい．付録の表 IV から χ^2 分布の右側 5％点は 11.07（図 **7.2**），また表 7.1 より χ^2 の値は

$$\chi^2 = \frac{1}{15}(36 + 9 + 4 + 1 + 25 + 9) = 5.6$$

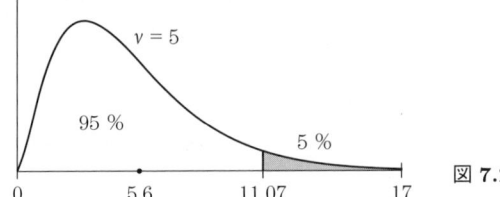

$\nu = 5$
95 %　　5 %
0　　5.6　　11.07　　17　　図 7.2 カイ 2 乗検定

だから，<u>仮説は採択</u>される．すなわち，サイコロは正常であるといえる． ♡

ここで，カイ 2 乗検定の制約について注意する：

(1) H_0 の否定が対立仮説 H_1 なので，対立仮説は書かなくてもよい．

(2) すべての i について，条件 $\min\{np_i, nq_i\} \geq 10$ が満たされているかチェックする．もし，満たされていなければ，隣の組（事象）を合併して，上の条件が満たされるように度数分布表（表 7.2）を作り直す．多くの場合，$p_i \leq \dfrac{1}{2}$ と思われるので，期待度数（理論度数）が 10 以上になっているか否かを確かめる．

(3) χ^2 変数は正の値しかとらず，0 に近いほど当てはまりがよいということを意味するので，検定は分布の右側 100α %点を基準にした片側検定である．

例題 7.1 3 章，例 3.4 (1) の放射性物質から放出された α 粒子の数への，ポアソン分布の当てはめが観測度数と適合しているかどうかを有意水準 5 %で検定する．表 3.2 は**表 7.3** として再び載せた．

【解答】 理論度数はすべて 10 以上なので，自由度 $\nu = 10$ の χ^2 分布を使う．

$$H_0 : \text{粒子数の分布はポアソン分布 } P(x) = e^{-3.87} \frac{3.87^x}{x!} \text{ に従う}$$

自由度 10 の χ^2 分布の右側 5 %点は 18.307．一方，表 7.3 から χ^2 の値を計算すると

$$\chi^2 = \frac{(57-54.4)^2}{54.4} + \frac{(203-210.5)^2}{210.5} + \cdots + \frac{(16-17.1)^2}{17.1} = 12.91$$

表 7.3　α 粒 子 の 数

粒子数 X	度数 O_i	ポアソン分布当てはめ e_i
0	57	54.4
1	203	210.5
2	383	407.4
3	525	525.5
4	532	508.4
5	408	393.5
6	273	253.8
7	139	140.3
8	45	67.9
9	27	29.2
10 以上	16	17.1
合計	2608	2608.0

となるので，仮説は採択. ◇

問　題　7.1

問 1. ある都市の 70 歳未満のドライバーがこの 1 年間に起こした事故件数は，表 7.4 のようであった．

表 7.4

年　代	20	30	40	50	60	計
事故件数 O_i	34	21	20	23	26	124

この都市の全ドライバーに対する各年代のドライバーの割合〔%〕は，それぞれ 18, 22, 20, 24, 16 % である．年齢と事故率は関係している（若いと事故が多い，または年をとると事故が多くなる）か否か，有意水準 5 % で検定せよ．

問 2. ある国で 620 人を無作為抽出し，血液型を調べた結果は表 7.5 のようであった．

表 7.5

血液型	A	B	AB	O	計
度数 O_i	222	123	80	195	620

この国の血液型の分布と日本人の血液型の分布（表 2.1 を日本人の分布とせよ）は同じとみなしてよいか，有意水準 5 % で検定せよ．

問 3. 3章,例 3.4 (2) のバクテリアの数の記録で,表 3.3 の中段のデータについて,ポアソン分布の当てはめは適合しているといえるか,$\alpha = 0.05$ で検定せよ.

7.2 分割表による独立性の検定

　分割表はクロス集計とも呼ばれている.母集団の個体に対する 2 つの属性 A, B をそれぞれ和事象に分割し,それらの積事象 $A_i \cap B_j$ の出現度数を表にしたものである.2 つの属性 A, B の関連性を見たいときに使われる.例えば,(体重,血圧),(性別,ある TV 番組の好き嫌い),(薬,回復度) などの分類データから意味ある結論を得ようとするような場合である.

　いま,属性 A と B は独立 で,たがいに排反な事象によって

$$A = A_1 \cup A_2 \cup \cdots \cup A_k, \quad B = B_1 \cup B_2 \cup \cdots \cup B_l$$

と表されているとする.1回の実験(またはサンプリング)で 1 つの事象 $A_i \cap B_j$ が起こるとする.この実験を n 回行えば,出現度数について表 **7.6** のような**分割表** (contingency table) を得る.ここで,n_{ij} は $A_i \cap B_j$ が起こった回数であり,$\sum_{i,j} n_{ij} = n$ である.このとき,もし

$$P(A_i \cap B_j) = p_{ij}, \quad (i = 1, 2, \cdots, k,\ j = 1, 2, \cdots, l) \tag{7.10}$$

表 **7.6** 分 割 表

A \ B	B_1	B_2	$\cdots$	B_l	計
A_1	n_{11}	n_{12}	$\cdots$	n_{1l}	$n_{1\cdot}$
A_2	n_{21}	n_{22}	$\cdots$	n_{2l}	$n_{2\cdot}$
$\vdots$	$\vdots$	$\vdots$		$\vdots$	$\vdots$
A_k	n_{k1}	n_{k2}	$\cdots$	n_{kl}	$n_{k\cdot}$
計	$n_{\cdot 1}$	$n_{\cdot 2}$	$\cdots$	$n_{\cdot l}$	n

が既知ならば，つぎの理論的な度数分布表（期待度数；表 **7.7**）がわかるので，この表と表 7.6 から，実際と理論のくい違いを見る適合度の検定は前節と同じようにできる．

表 7.7 期 待 度 数

A \ B	B_1	B_2	$\cdots$	B_l
A_1	np_{11}	np_{12}	$\cdots$	np_{1l}
A_2	np_{21}	np_{22}	$\cdots$	np_{2l}
$\vdots$	$\vdots$	$\vdots$		$\vdots$
A_k	np_{k1}	np_{k2}	$\cdots$	np_{kl}

［適合度の検定の手順］

1) 観測度数は理論どおりであるという仮説を立てる：

$$H_0 : P(A_i \cap B_j) = p_{ij} \quad (i=1,2,\cdots,k, \ j=1,2,\cdots,l).$$

2) すべての i, j に対して，$np_{ij} \geq 10$ ならば，カイ 2 乗変数

$$\chi^2 = \sum_{j=1}^{l} \sum_{i=1}^{k} \frac{(n_{ij} - np_{ij})^2}{np_{ij}} \tag{7.11}$$

は，自由度 $\nu = kl - 1$ の χ^2 分布に従う (近似) ことがわかっているので，この分布を使う．

ただし，期待度数で 9 以下のものがあるときは，その近所の事象と合わせて期待度数が 10 以上になるように表を作り直す．

3) 自由度 $(k-1)(l-1)$ の χ^2 分布の右側 100α ％点 χ_0^2 を付録の表 IV から調べる．つぎに，表 7.6 と表 7.7 から χ^2 の値を求める．

$\chi^2 < \chi_0^2$　ならば，H_0 は採択，
$\chi_0^2 \leqq \chi^2$　ならば，H_0 は棄却．

さて分割表に対しては，一般に属性 A と B が独立かどうかはわからないことが多い．もちろん，確率 $P(A_i \cap B_j) = p_{ij}$ も未知であることが多い．その

ときは適合度の検定は当然できない．しかしながら，われわれが分割表を作る目的の 1 つは "属性 A と B は独立か否か" を調べることである．以下に示すように，属性 A と B の独立性を検定することは可能である．

いま，属性 A と B が独立と仮定すると，$P(A_i) = p_i$, $P(B_j) = q_j$ として，

$$P(A_i \cap B_j) = P(A_i)\,P(B_j) = p_i q_j \tag{7.12}$$

となる．p_i, q_j が既知ならば，表 7.7 のような理論度数分布表はできるので，検定可能．p_i, q_j が未知のとき，$P(A_i \cap B_j)$ はわからないが，n が十分大ならばつぎのように近似の値を求めることができる：

$$P(A_i \cap B_j) = P(A_i)\,P(B_j) \fallingdotseq \frac{n_{i\cdot}}{n} \times \frac{n_{\cdot j}}{n} (= \tilde{p}_{ij} \text{ とおく}). \tag{7.13}$$

したがって，表 7.7 の近似の表を作ることができる．この表の (i, j) 成分は

$$n\tilde{p}_{ij} = \frac{n_{i\cdot} \times n_{\cdot j}}{n} \quad (i=1,2,\cdots,k,\ j=1,2,\cdots,l) \tag{7.14}$$

で計算する．

[属性 A と B の独立性の検定手順]

1) 属性 A と B は独立であるという仮説を立てる：

$$H_0\ :\ P(A_i \cap B_j) = p_i q_j \quad (i=1,2,\cdots,k,\ j=1,2,\cdots,l\ ).$$

2) すべての i, j に対して，期待度数 $n\tilde{p}_{ij}$ が 10 以上ならば，式 (7.11) の np_{ij} の代わりに $n\tilde{p}_{ij}$ を用いたカイ 2 乗変数 χ^2 は，自由度 $\nu = (k-1)(l-1)$ の χ^2 分布に従う（近似）ので，この分布を使う．

ただし，期待度数で 9 以下のものがあるときは，その近所の事象と合併するなどして期待度数が 10 以上になるように表 7.7 を作り直す．

3) 自由度 $(k-1)(l-1)$ の χ^2 分布の右側 100α ％点 χ_0^2 を付録の表 IV から調べる．つぎに，表 7.3 と表 7.4 から χ^2 の値を求める．

$\qquad\chi^2 < \chi_0^2\quad$ ならば，H_0 は採択，

$\qquad\chi_0^2 \leqq \chi^2\quad$ ならば，H_0 は棄却．

7.2 分割表による独立性の検定

例題 7.2 N 放送局では，新しく始めた TV 番組の人気を知るために，200 人の視聴者からアンケートをとることにした．質問は 5 つの選択肢から 1 つを選ぶというものであり，その選択肢は

B_1：好き， B_2：まあまあ好き， B_3：どちらでもない，

B_4：少し嫌い， B_5：嫌い

の 5 つである．20 代以下，30〜40 代，50 代以上の 3 つのグループの視聴者を無作為抽出し，得られた結果は**表 7.8** であった．年代によって番組の好みは異なるか，有意水準 5 ％ で検定せよ．

表 7.8 アンケート集計

年代＼好み	B_1	B_2	B_3	B_4	B_5	計
20 代以下	12	8	22	10	8	60
30〜40 代	18	20	10	12	10	70
50 代以上	21	16	12	9	12	70
計	51	44	44	31	30	200

【解答】 仮説 H_0：番組の好みと年齢は無関係（独立）である．

とすると，期待度数は**表 7.9** のようになる．期待度数の数値は 2 箇所で 10 以下になっているので，B_4 と B_5 を合併して表 7.9 を作り直すと**表 7.10** となる．さらに，この分割表に対する期待度数を計算すると**表 7.11** が得られる．

表 7.10 と表 7.11 に対して，変数 $\chi^2 = \sum_{j=1}^{4}\sum_{i=1}^{3} \dfrac{(n_{ij} - n\tilde{p}_{ij})^2}{n\tilde{p}_{ij}}$ は，自由度 $\nu = 2 \times 3 = 6$ の χ^2 分布に従う．この分布の右側 5 ％点は 12.59 である．一方，標本からの χ^2 の値は

表 7.9 期待度数

年代＼好み	B_1	B_2	B_3	B_4	B_5
20 代以下	15.3	13.2	13.2	9.3	9.0
30〜40 代	17.9	15.4	15.4	10.9	10.5
50 代以上	17.9	15.4	15.4	10.9	10.5

表 7.10 アンケート集計

年代 \ 好み	B_1	B_2	B_3	$B_4 \cup B_5$	計
20 代以下	12	8	22	18	60
30〜40 代	18	20	10	22	70
50 代以上	21	16	12	21	70
計	51	44	44	61	200

表 7.11 修正された期待度数

年代 \ 好み	B_1	B_2	B_3	$B_4 \cup B_5$
20 代以下	15.3	13.2	13.2	18.3
30〜40 代	17.9	15.4	15.4	21.4
50 代以上	17.9	15.4	15.4	21.4

$$\chi^2 = \frac{(12-15.3)^2}{15.3} + \frac{(8-13.2)^2}{13.2} + \cdots + \frac{(21-21.4)^2}{21.4} = 13.24$$

なので，仮説は棄却 される．すなわち，番組の好みと年齢は関係があるといえる． ◇

注意：表 7.11 に対応する期待度数の表が 2×2 で $n\tilde{p}_{ij} < 10$ となるものがある場合は，χ^2 検定は使えないので，フィッシャーの直接計算法（例えば，文献 [4], p.100 参照）を用いよ．

問 題 7.2

問 1. （文献 [9], p.308 より）つぎの**表 7.12** は，手の左利き右利きと視力の方向感度との関係についての 413 例の調査結果を示したものである．両者の関係はどう判断されるか．仮説を立て，有意水準 5 ％で検定せよ．

問 2. （文献 [7], p.225 より）つぎの**表 7.13** は，個人の学歴と結婚に対する適応性を調べた結果である．結婚に対する適応性は 4 つのカテゴリーに分類されている：

B_1：非常に低い，B_2：低い，B_3：高い，B_4：非常に高い

学歴と結婚に対する適応性は独立であるといえるか，有意水準 5 ％で検定せよ．

表 7.12　左利き右利きと視力の方向感度の関係

利き手＼視力	左方視	両方視	右方視	計
左手	34	62	28	124
両手	27	28	20	75
右手	57	105	52	214
計	118	195	100	413

表 7.13　学歴と結婚に対する適応性

学歴＼適応性	B_1	B_2	B_3	B_4	計
大学卒	18	29	70	115	232
高校卒	17	28	30	41	116
小・中学卒	11	10	11	20	52
計	46	67	111	176	400

7.3　等分散の検定

2つの似たような正規母集団があったとき，それらの母分散が等しいといえるかどうかを調べることはときどき必要になる．ここでは，等分散の検定を実行するための新しい分布を導入する．定理をいくつかあげるが，証明は高度の微積分を使うので省略する．

定理 7.3　χ_1^2, χ_2^2 はそれぞれ自由度 m, n の χ^2 分布に従い，かつ独立であるとする．このとき，確率変数

$$F = \frac{\dfrac{\chi_1^2}{m}}{\dfrac{\chi_2^2}{n}} \tag{7.15}$$

は自由度 (m, n) の F 分布に従う．確率密度関数 (p.d.f.) は

7. カイ2乗検定

$$f_{m,n}(x) = \left(\frac{m}{n}\right)^{\frac{m}{2}} \frac{\Gamma\left(\frac{m+n}{2}\right)}{\Gamma\left(\frac{m}{2}\right)\Gamma\left(\frac{n}{2}\right)} \frac{x^{\frac{m}{2}-1}}{\left(1+\frac{m}{n}x\right)^{\frac{m+n}{2}}}. \quad (7.16)$$

ここに, $0 < x < \infty$ である. また, 期待値と分散は

$$E(F) = \frac{n}{n-2} \ (n>2), \quad V(F) = \frac{2n^2(m+n-2)}{m(n-2)^2(n-4)} \ (n>4). \quad (7.17)$$

問 2. $E(F) = \dfrac{n}{n-2}$ となることを示せ. ただし, 次式を利用せよ.

$$B(\alpha,\beta) = \int_0^1 x^{\alpha-1}(1-x)^{\beta-1} dx = \frac{\Gamma(\alpha)\Gamma(\beta)}{\Gamma(\alpha+\beta)}. \quad \text{(ベータ関数)}$$

F 分布はパラメーターを 2 つもつ分布であるが, その期待値は n だけで決まる. また, $n \to \infty$ のとき, 期待値は 1 に近づく. グラフの形状は図 **7.3** に示すとおりである. F が自由度 (m,n) の F 分布に従うとき,

$$P(F_\alpha \leq F) = \alpha, \quad (0 < \alpha < 1)$$

となる F_α の値を, $\alpha = 0.025, 0.05$ の場合について, 種々の自由度に対して示したものが付録の表 V である. 例えば, 自由度 $(4,8)$ の F 分布で, $\alpha = 0.025$ のとき, $P(F_\alpha \leq F) = 0.025$ となる F_α は 5.053 である.

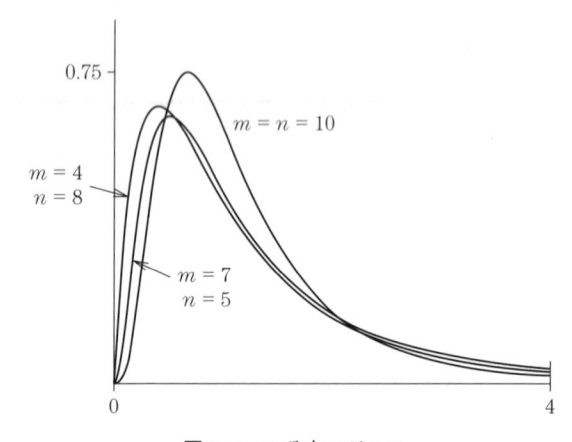

図 **7.3** F 分布のグラフ

7.3 等分散の検定

さて，2つの正規母集団からの，大きさ m と n の標本平均を $\overline{X}, \overline{Y}$，および標本分散を S_x^2, S_y^2 とおく：

$X \sim N(\mu_1, \sigma_1^2)$ に対して $\overline{X} = \dfrac{1}{m}\sum_{i=1}^{m} X_i, \quad S_x^2 = \dfrac{1}{m-1}\sum_{i=1}^{m}(X_i - \overline{X})^2,$

$Y \sim N(\mu_2, \sigma_2^2)$ に対して $\overline{Y} = \dfrac{1}{n}\sum_{j=1}^{n} Y_j, \quad S_y^2 = \dfrac{1}{n-1}\sum_{j=1}^{n}(Y_i - \overline{Y})^2.$

定理 7.1 の注 2. で示したように，$\dfrac{(m-1)S_x^2}{\sigma_1^2}$ と $\dfrac{(n-1)S_y^2}{\sigma_2^2}$ はそれぞれ自由度 $m-1$，$n-1$ の χ^2 分布に従う．よって，定理 7.3 により，

$$F = \dfrac{\dfrac{S_x^2}{\sigma_1^2}}{\dfrac{S_y^2}{\sigma_2^2}} \tag{7.18}$$

は自由度 $(m-1, n-1)$ の F 分布に従う．一般に，σ_1, σ_2 は未知なので，統計量 (7.18) を求めることはできない．しかし，もし $\sigma_1 = \sigma_2$ ならば，F の値は求まり，検定が可能になる．

[**2 つの正規母集団の等分散の検定の手順**]

1) データの分散を計算して $s_x^2 > s_y^2$ となるように，変数 X, Y を決めておく．

2) 仮説を立てる：

$$H_0 : \sigma_1^2 = \sigma_2^2, \quad H_1 : \sigma_1^2 \neq \sigma_2^2 \ (\text{または } \sigma_1^2 > \sigma_2^2 \,),$$

3) 仮説 H_0 の下で，$F = \dfrac{S_x^2}{S_y^2}$ は自由度 $(m-1, n-1)$ の F 分布に従うので，この分布の右側 $\dfrac{100}{2}\alpha$ %点 F_0 を表より求める．(片側検定のときは，F_0 は右側 100α %点)

4) データから $F = \dfrac{s_x^2}{s_y^2}$ の値を求め，

$\quad F < F_0 \quad$ ならば，H_0 は採択，

$\quad F_0 \leqq F \quad$ ならば，H_0 は棄却．

7. カイ2乗検定

注意： $s_x^2 < s_y^2$ のときは，変数 X と Y を入れ換えて（母集団の番号を付け換えて），上の手順で検定すればよいが，それが面倒な場合は，図 **7.4** の F_1 の値を求めて，左側で検定する．F_1 の値は，自由度 $(n-1, m-1)$ の F 分布 の右側 $\frac{100}{2}\alpha$ ％点の逆数 になる．

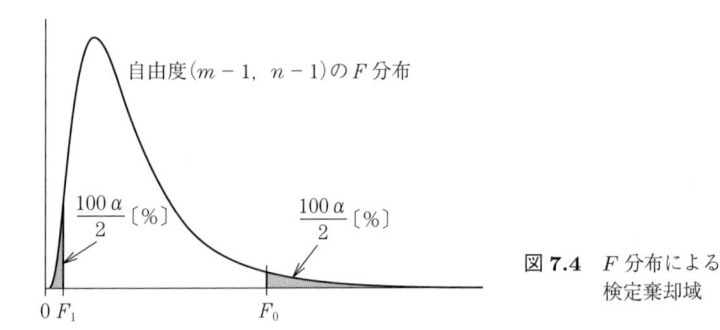

図 7.4 F 分布による検定棄却域

（図中：自由度 $(m-1, n-1)$ の F 分布，$\frac{100\alpha}{2}$ [%]，$\frac{100\alpha}{2}$ [%]，$0\ F_1$，F_0）

等分散の検定は，6.4.3項で述べた小標本の場合の母平均の差の検定を行う前段階の検定として用いられる．この場合の母平均の差の検定では，2つの正規母集団の分散は等しいという仮定の下で，t 分布が用いられた．一般には母分散は未知なので，標本から分散は等しいといえるか否かの検定が必要となる．例題で考察しよう．

例題 7.3 ある工場では，新入りの工員に対して1つの重要な仕事を仕上げるための訓練を，2つのグループに分けて（AとBとする）2人の指導者が異なる方法で指導した．一定期間の訓練の後，何人かを無作為抽出し試験を行った結果はつぎのようであった．確率変数 X, Y はそれぞれのグループの仕事を仕上げる時間〔分〕で，正規分布が仮定できるとする．

　　Aのグループ：$n_1 = 16,\ \bar{x} = 42,\ s_x = 6.27,$
　　Bのグループ：$n_2 = 13,\ \bar{y} = 38,\ s_y = 5.52,$

(1) 2つのグループの母分散 σ_1^2 と σ_2^2 に差があるか否か，$\alpha = 0.05$ で検定せよ．もし差がなければ，分散はほぼ等しいと仮定してつぎの問に答えよ．

(2) 2つのグループで，仕事を仕上げる時間は B グループのほうが速いといえるか，$\alpha = 0.05$ で検定せよ．

【解答】
(1) 2つのグループの分散は 10 程度の差があるが，この差は大きいとはいえないので，仮説を
$$H_0 : \sigma_1^2 = \sigma_2^2, \quad H_1 : \sigma_1^2 \neq \sigma_2^2$$
とおく．$F = \dfrac{S_x^2}{S_y^2}$ は自由度 (15, 12) の F 分布に従うので，これの右側 2.5 % 点は 3.177．一方，データより F の値は $\dfrac{6.27^2}{5.52^2} = 1.290$ なので，仮説は採択．

(2) 2つのグループの平均値の差 4 は，仕事を完遂する時間の約 10 分の 1 であり，これは小さな値ではないので，仮説を
$$H_0 : \mu_1 = \mu_2, \quad H_1 : \mu_1 > \mu_2$$
とおく．$T = \dfrac{\overline{X} - \overline{Y}}{\sqrt{15 S_x^2 + 12 S_y^2}} \sqrt{\dfrac{16 \times 13 \times 27}{29}}$ は自由度 $\nu = 27$ の t 分布に従う．この分布の右側 5 % 点は 1.703．一方，データより T の値を計算すると
$$\dfrac{4}{\sqrt{15 \times 6.27^2 + 12 \times 5.52^2}} \sqrt{\dfrac{16 \times 13 \times 27}{29}} = 1.801．$$
だから，仮説は棄却．すなわち，仕事を仕上げる時間には有意な差がある．
◇

注意：小標本のこのような問題に対して，2つの正規母集団の分散が等しくないときは t 分布による上の例題のような検定はできない．そのときは，ウェルチ (Welch) の t 検定を参照せよ（文献 [6], p.77 を見よ）．

問題 7.3

問 1. あるタイプのビタミン剤（丸薬）は 2 つの製薬会社 A, B が販売している．A, B 各社の丸薬をいくつか無作為抽出し，ビタミン C 含有量〔mg〕を量ったところ，つぎの結果を得た．

A 社： 5.34, 0.25, 1.29, 1.46, 3.68

　　　　　B社： 1.24, 3.41, 0.91, 2.07

A, B社のビタミンC含有量の母集団分布は，それぞれ $N(\mu_1, \sigma_1^2)$, $N(\mu_2, \sigma_2^2)$ に従うとする．

(1) 2つの母分散に差があるといえるか，$\alpha = 0.05$ で検定せよ．

(2) (1)で，母分散に差がないと判定されたとき，2つの母平均に差があるといえるか，$\alpha = 0.05$ で検定せよ．

問 2. つぎのデータは，27匹の実験動物を2群に分け，2種類のエサで一定期間飼育して体重増を量ったものである．2つのグループの母集団分布は共に正規分布とする．

　　　　A群： $n_1 = 11$, $\bar{x} = 55.2$, $s_x = 8.37$,
　　　　B群： $n_2 = 16$, $\bar{y} = 62.7$, $s_y = 5.41$.

(1) 2つの母分散に差があるといえるか，$\alpha = 0.05$ で検定せよ．

(2) (1)で，母分散に差がないと判定されたとき，B群の母平均はA群の母平均より大きいといえるか，$\alpha = 0.01$ で検定せよ．

8 分布型によらない検定

6章, 7章で扱った検定の多くは母集団分布の母数に対する検定であり, 標本平均・標本分散の分布が既知の下での統計的方法であった. しかしながら, 母集団分布が未知であり, 得られたデータも正規分布に近いとはいえないような標本はときどきあり, 特に, 小標本のときは仮説検定の方法は長い間確立されていなかった. ここでは, マン, ホイットニー, ウィルコクソンらが開発した分布型によらない検定 (一般にノンパラメトリックな方法と呼ばれる) を紹介する.

8.1 中央値の検定

確率変数 X の分布が未知で, しかも標本の大きさは小さく ($n < 30$), データの分布も正規分布を仮定できないとき, 母平均 μ は意味のある母数とはいえず, むしろ分布の中央に位置する**中央値** m (確率分布または確率密度関数の面積を左右に 2 等分する x の値と定義する) が意味のある代表値となる. というのは, ランダムサンプリングされたデータの半分は m より小さいことが期待できるからである.

中央値の検定は 6 章の最初に述べた"平均値の検定"に対応している. 以下の例で検定の方法を説明しよう.

例 8.1 ある大学の新入生対象の「ロシア語入門」講座の受講生は毎年 20 名前後で, 前期テストの結果はいつもばらつきが大きく, 分布も正規分布とはまったく異なる形であるという. しかし, 中央値 m は大体一定で約 55 点くらい

であり，中央値をはさんで右と左に分布のピークがあるパターンであるという（図 8.1（a））．今年度の新入生の受講者は 16 名で，前期テストの結果は

20, 51, 63, 45,　56, 72, 71, 42,　44, 32, 79, 85,　34, 36, 28, 50

であった．この結果のヒストグラムは図 8.1（b）である．分布の形は過去のものと差がないように思われるので，「今年度の新入生の前期テストの分布も例年どおりである」という仮説検定を考えたい．

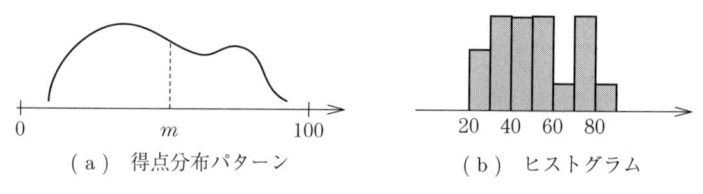

図 8.1　ロシア語入門前期テストの分布
（a）得点分布パターン　（b）ヒストグラム

この標本の中央値は，45 と 50 の真ん中なので 47.5 である．今年度の新入生の前期テストの点数に対して，つぎのように仮説を立てる：

$H_0: m = 55, \quad H_1: m < 55.$

この仮説の下で，55 点より小さい値をマイナス，55 点より大きい値をプラスで表すと，上の 16 個のデータは

－ － ＋ －　＋ ＋ ＋ －　－ － ＋ ＋　－ － － －

となる．

注意：データが中央値の 55 と同じ値のときは，差が 0 となり符号は付かないので，そのデータは除くこととする．

ここで，確率変数 X をプラスの符号の個数とする．もし，仮説が正しいとすれば，データを 1 つ選んだとき，それがプラスの符号になる確率は $\frac{1}{2}$ なので，n 個のデータに対して X の分布は 2 項分布 $B\left(n, \frac{1}{2}\right)$ となる．この標本は $n = 16$ なので，$B\left(16, \frac{1}{2}\right)$ より

$P(0) = \dfrac{1}{2^{16}} = 0.0000153, \quad P(1) = \dfrac{16}{2^{16}} = 0.000244, \quad P(2) = 0.001831,$

$P(3) = 0.008545, \quad P(4) = 0.027771, \quad P(5) = 0.06665, \cdots$

となる.

$P(X \leq 4) = 0.0384$, $P(X \leq 5) = 0.10505$ なので,検定の有意水準を $\alpha = 0.0384$ とすれば,仮説の棄却域は $X \leq 4$ である(片側検定なのでこの1箇所のみ).データの $X = 6$ は棄却域にないので,仮説は採択される.すなわち,今年の新入生の前期テストの成績分布は例年と同じとみなしてよいことがわかった. ♡

注意:中央値からの大小(符号)を考えた上のような検定は**符号検定**(sign test)と呼ばれている.

問 1. 問題 6.4, 問 4. の表 6.2 に対して, X の分布は未知として,仮説
$$H_0: m = 0, \quad H_1: m > 0$$
を検定せよ.ただし,有意水準 α は 0.05 とせよ.

問 2. つぎのデータは,ある都市で過去1年間に万引きで補導された者の年齢を示している.
  16, 12, 22, 18, 20, 17, 19, 20, 16, 35, 24, 17, 13, 17, 19,
  15, 26, 30, 16, 18
過去の経験から,万引きで補導された者の年齢の中央値は 20 歳であることがわかっている.今回のデータについても年齢の中央値は 20 歳としてよいか,有意水準 $\alpha = 0.05$ で検定せよ.

8.2　ウィルコクソンの順位和検定

ここでは2つの母集団の分布が同じとみなせるか否かの検定を考える.母集団 A からランダムサンプリングされた k 個のデータを
  $x_1, x_2, \cdots, x_k$　　(確率変数 X の実現値)
母集団 B からランダムサンプリングされた l 個のデータを
  $y_1, y_2, \cdots, y_l$　　(確率変数 Y の実現値)
とする.ただし,$k \leq l$,$n = k + l$ とする.ここでは,X, Y の確率分布や中央値は未知である場合を想定しているが,X, Y の中央値をそれぞれ m_1, m_2 とする.仮説は,任意の a に対して

$$H_0: P(X \leqq a) - P(Y \leqq a) = 0 \quad (X \text{ と } Y \text{ の分布は同じ}) \quad (8.1)$$

とするが,前節と同じように中央値が等しいとしても同じである:

$$H_0: m_1 - m_2 = 0. \quad (8.2)$$

対立仮説は,データに依存して不等式になったり,0以外の値になったりするのは当然である.**ウィルコクソンの順位和検定**(Wilcoxon rank-sum test)は基本的には前節と同様に,母集団分布が未知のときの小標本に対する検定である.以下,検定の方法を例題で説明する.

例 8.2 ある大学のスポーツクラブ A,B からそれぞれ 8 人,10 人の選手を選び,垂直とびのテストを行った結果が**表 8.1** である.

表 8.1 垂 直 と び [cm]

クラブ	データ									平均	標準偏差
A	62	102	88	70	75	69	92	80		79.75	13.42
B	80	91	71	75	110	118	70	98	65	85	86.3	17.79

A,B のデータの中央値はそれぞれ 77.5, 82.5 であり,共に中央値のやや左側にピークのある分布となっている.つぎの仮説を検定したい:

$$H_0: m_1 - m_2 = 0, \quad H_1: m_1 - m_2 < 0.$$

もし仮説が正しければ,2 種類のデータを小さい順に 1 列に並べたとき,A のデータと B のデータは均等に入り混じることになる.A のデータに順位を付けると,1 番から 18 番の間に均等にばらつくはずである.この順位の和を重要な統計量とみて確立された検定法がウィルコクソンの順位和検定(**マン・ホイットニー検定**:(Mann-Whitney test)とも呼ばれる)である.

注意:同じ値のデータがいくつかあるときは,その値の順位は,それらのデータが占めるべき順位の平均値を付けることとする.例えば,2 種類のデータを 1 列に並べたものが 55, 60, 60, 60, 65, 70, 75, 75, 80 のとき,順位は 1, 3, 3, 3, 5, 6, 7.5, 7.5, 9 と付ける.

さて,表 8.1 の 18 個のデータを小さい順番に並べると

8.2 ウィルコクソンの順位和検定

62, 65, 69, 70, 70, 71, 75, 75, 80, 80, 85, 88, 91, 92, 98, 102, 110, 118

となる．A のデータにはアンダーラインを付けた．A の順位和 U は

$$U = 1 + 3 + 4.5 + 7.5 + 9.5 + 12 + 14 + 16 = 67.5$$

となる．この確率変数 U に対する分布は，母集団分布と無関係に計算することができ，付録の表 VI に k, l に対する分布の 100α ％点が示されている．

この表を用いると，$k = 8, l = 10$ に対して，有意水準 5 ％の片側棄却域は $U \leqq 56$ なので，仮説は採択 される．　♡

ここで，確率変数 U の性質について少しふれる．「仮説 H_0：X と Y の分布は同じ」が正しければ，$n \ (= k + l)$ 個の任意標本 $X_1, X_2, \cdots, X_k$, $Y_1, Y_2, \cdots, Y_l$ はすべて同じ分布に従う．いま，$X_i \ (i = 1, 2, \cdots, k)$ の実現値としてのデータ $x_i \ (i = 1, 2, \cdots, k)$ の順位を $R_1, R_2, \cdots, R_k$ とすると，$R_1, R_2, \cdots, R_k$ が整数の集合 $\{1, 2, \cdots, n\}$ の中の任意の k 個の数 $r_1, r_2, \cdots, r_k$ をとる確率はすべて等しく

$$P(R_1 = r_1, R_2 = r_2, \cdots, R_k = r_k) = \frac{1}{n(n-1) \cdots (n-k+1)} \quad (8.3)$$

となる．X_i の順位和

$$U = R_1 + R_2 + \cdots + R_k \quad (8.4)$$

の確率分布を調べたいが，一般の k, l のままでは計算が難しいので，簡単のために $k = 3, l = 4$ として考える．$U = R_1 + R_2 + R_3$ が取り得る最小値は $1 + 2 + 3 = 6$ であり，この値になる (R_1, R_2, R_3) の順列は 6 個なので

$$P(U = 6) = \frac{6}{7 \cdot 6 \cdot 5} = \frac{1}{35} \fallingdotseq 0.02857$$

となる．$U = 7$ となるのは順位が $(1, 2, 4)$ になるときで，$P(U = 7) = \frac{1}{35}$．同様に，$U = 8$ になるのは，順位が $(1, 2, 5), (1, 3, 4)$ のときで，$P(U = 8) = \frac{2}{35}$

である．$U = 12$ となるケースが最も多く，順位が $(1, 4, 7)$, $(1, 5, 6)$, $(2, 3, 7)$, $(2, 4, 6)$, $(3, 4, 5)$ となる 5 通りであるので

$$P(U = 12) = \frac{30}{210} = \frac{5}{35}$$

である．U の取り得る値の最大値は，$5 + 6 + 7 = 18$ で $P(18) = \frac{1}{35}$ である．また，U の確率分布が対称になるのは明らかであろう（図 **8.2**）．

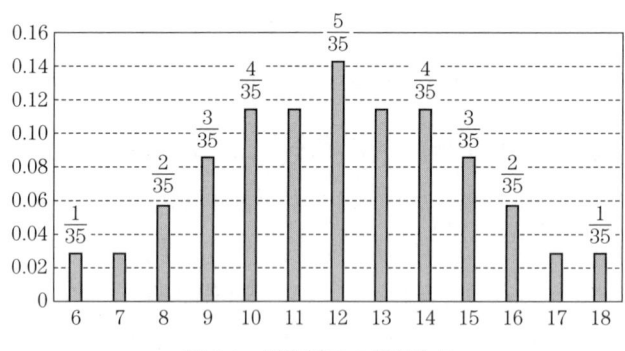

図 8.2 順位和 U の確率分布

上の確率分布から，

$$E(U) = \frac{1}{35}(6 + 7 + 2 \cdot 8 + 3 \cdot 9 + \cdots + 18) = 12,$$

$$V(U) = \frac{1}{35}\{(6-12)^2 + (7-12)^2 + 2(8-12)^2 + \cdots + (18-12)^2\} = 8$$

を得る．一般の k, l に対しては，順位和の期待値と分散はつぎのようになることがわかっている：

$$E(U) = \frac{k(n+1)}{2}, \quad V(U) = \frac{kl(n+1)}{12}. \tag{8.5}$$

注意： 付録の表 VI には，$k = 20, l = 20$ までの棄却域しか載せてないが，これ以上の k, l に対しては，U は正規分布（期待値と分散は上の式 (8.5) の値）で近似可能といわれている．もし，連続補正が必要と思われるときは，基準化の変数を

$$Z = \frac{U - E(U) \pm \frac{1}{2}}{\sqrt{V(U)}} \tag{8.6}$$

として標準正規分布を利用せよ．

問 3. 式 (8.5) の期待値が満たす等式を証明せよ．

問 4. ある種の後遺症をもつ入院患者を2群（A群9名，B群10名）に分け，異なる方法で一定期間リハビリテーション（以下，リハビリ）を行い，日常生活に必要な1つの動作をこなす時間の測定を行った．リハビリを開始する前にも同じ動作をこなす時間の測定が行われているので，その時間の差 $X(=(リハビリ前のタイム) - (リハビリ後のタイム))$ を記録したデータが表 **8.2** である．動作時間の改善が見られるのは明らかであるが，A群とB群の X の分布は同じとみなせるか，$\alpha = 0.05$ で検定せよ．

表 **8.2** 動作時間の差〔秒〕

群	データ										平均	標準偏差
A	10	26	-2	16	7	9	-3	23	28		12.67	11.42
B	3	18	9	-4	6	30	0	10	12	-10	7.4	11.36

8.3　ウィルコクソンの符号つき順位和検定

ここでは2群のデータの間に，対応がある場合についての検定を考える．例えば，手術前・手術後とか薬の投与前・投与後のように同一対象者からの2時点におけるデータ，または同じ条件をもつ対象者からの2時点におけるデータが同じ分布をもつ母集団（変数）からの標本と考えてよいか否かを考察する．対になったデータ $\{(x_i, y_i), i = 1, 2, \cdots, n\}$ を扱うので，**対標本モデル** (matched paired model) と呼ばれる．

いま，x_i は i 番目の個体のある時点での確率変数 X の測定値，y_i は i 番目の個体の別の時点での確率変数 Y の測定値とする．X と Y はもちろん同種の変数であるが，観測値の源泉である個体になんらかの処置が施された前後でデータがとられているので，基本的にはたがいに独立な別の変数と考える．$d_i = x_i - y_i$

とおいたとき，同符号のものが圧倒的に多ければ，施された処置に効果があった（または影響された）ということがいえ，プラスとマイナスのものが同程度ならば，処置効果はなかったと考えられる．

変数 X と Y の分布については，正規分布が仮定できないかまたは未知であるとし，標本の大きさ n は小さい（$n < 30$）とする．さて，表 **8.3** のようなデータが得られたとしよう．$d_i = 0$ のときは，その i 番目のデータは除くものとする．$|d_i|$ の小さい順に順位を付け，d_i が負のものの順位和を T_-，正のものの順位和を T_+ とおき，確率変数

$$T = \min\{T_-, T_+\} \tag{8.7}$$

の分布を検定の基準に用いるのが，ウィルコクソンの符号つき順位和検定である．d_i にプラスとマイナスのものが同程度あるとき T_- と T_+ の値は差が少なく（仮説 H_0 の下で確率は大きい），どちらかの符号にかたよるとき T の値は小さくなる（H_0 の下で確率は小さい）．

表 **8.3** 対 標 本

個体番号	1	2	$\cdots$	n
X	x_1	x_2	$\cdots$	x_n
Y	y_1	y_2	$\cdots$	y_n
d_i	d_1	d_2	$\cdots$	d_n
$|d_i|$ の順位	r_1	r_2	$\cdots$	r_n

このような問題に対する仮説（帰無仮説）は，"処置効果なし"ということであるが，d_i にプラスとマイナスのものが同程度生じるときなので，X, Y の分布の中央値をそれぞれ m_1, m_2 として

$$\text{仮説 } H_0: X \text{ と } Y \text{ の分布は同じ，（または } m_1 - m_2 = 0 \text{）} \tag{8.8}$$

としてよい．これに対して対立仮説は"処置効果あり"ということで，

対立仮説 $H_1: X$ と Y の分布は異なる，

$$(\text{または } m_1 - m_2 \neq 0, \ m_1 - m_2 > 0, \ m_1 - m_2 < 0 \text{ のいずれか)} \tag{8.9}$$

8.3 ウィルコクソンの符号つき順位和検定

とおけばよい．対立仮説が上のどちらの不等式であったとしても，確率変数 T のおき方から，棄却域は分布の左側 100α ％点とすればよいことがわかる．つぎの例題で，検定の方法を説明する．

例題 8.1 ある大学の陸上競技部では，10人の短距離選手を選び2箇月の高地トレーニングを行った後，200メートル走のタイム[秒]を計った（下段の Y）．結果は**表 8.4**である．上段の X は高地トレーニングをする以前のデータである．高地トレーニングはタイム短縮に効果があったか，有意水準 $\alpha = 0.05$ で検定せよ．

表 8.4 200m 走のタイム

個体 No.	1	2	3	4	5	6	7	8	9	10
X	25.2	24	26.3	23.7	26	25	24.5	26	25.7	24.1
Y	24.3	23	27	23.3	24	25.4	24	24.2	26	23.5

【解答】 データを整理すると**表 8.5** になる．また，X, Y の平均値，標準偏差などはつぎのようになる：
$\bar{x} = 25.05$, $s_x = 0.9396$, $m_1 = 25.1$, $\bar{y} = 24.47$, $s_y = 1.275$, $m_2 = 24.1$.
仮説を設定しよう．中央値は1秒の改善が見られるので，

$$\text{仮説 } H_0: m_1 - m_2 = 0, \quad \text{対立仮説 } H_1: m_1 > m_2$$

とおく．順位和を表す統計量 T は，

$$T_- = 6 + 2.5 + 1 = 9.5, \quad T_+ = 45.5$$

より，$T = 9.5$ となる．付録の表 VII より，$\alpha = 0.05$ に対する棄却域は $T \leq 10$ なので，<u>仮説は棄却</u>される．すなわち，高地トレーニングは効果があったといえる． ◇

表 8.5 タイム差と絶対値順位

No.	1	2	3	4	5	6	7	8	9	10
X	25.2	24	26.3	23.7	26	25	24.5	26	25.7	24.1
Y	24.3	23	27	23.3	24	25.4	24	24.2	26	23.5
d_i	0.9	1.0	−0.7	0.4	2.0	−0.4	0.5	1.8	−0.3	0.6
$|d_i|$ の順位	7	8	6	2.5	10	2.5	4	9	1	5

8. 分布型によらない検定

ここで，変数 T の分布についてふれておく．簡単のために，$n = 6$ とし，T を $d_i < 0$ となるものの順位和 T_- とする．

<u>$T = 0$</u> となるのは，d_i がすべて正のときなので，符号を考えたとき $64 = 2^6$ 通りの中の 1 つなので，$P(0) = \dfrac{1}{64} = 0.01563$ である．

<u>$T = 1$</u> となるのは，順位が ①, 2, 3, 4, 5, 6 (○が付いているものが $d_i < 0$ のもの) のときで，$P(1) = \dfrac{1}{64} = 0.01563$ ．

<u>$T = 2$</u> となるのは，順位が 1, ②, 3, 4, 5, 6 のときで，$P(2) = \dfrac{1}{64} = 0.01563$ ．

<u>$T = 3$</u> となるのは，順位が ①, ②, 3, 4, 5, 6 と 1, 2, ③, 4, 5, 6 のときで，$P(3) = \dfrac{2}{64} = 0.03125$ ．

<u>$T = 4$</u> となるのは，順位が ①, 2, ③, 4, 5, 6 と 1, 2, 3, ④, 5, 6 のときで，$P(4) = \dfrac{2}{64} = 0.03125$ ．

同様に，<u>$T = 5$</u> となるのは，順位が 1, ②, ③, 4, 5, 6 と ①, 2, 3, ④, 5, 6 と 1, 2, 3, 4, ⑤, 6 のときで，$P(5) = \dfrac{3}{64} = 0.04688$ ．

このようにして，$T = 21$ までの確率が定まる．最大の確率は $P(9) = P(10) = P(11) = P(12) = \dfrac{5}{64}$ で，分布が中央値で対称になっていることは明らかである．$n = 6$ のこの例では $P(T \leq 2) = 0.04688$，$P(T \leq 3) = 0.07813$ なので，$T \leq 2$ が左側 5 ％の棄却域となっている（付録の表 VII 参照）．T が T_+ のときも分布は同じになるので，付録の表 VII が再び使える．

一般の n に対しても，確率変数 T の分布は上と同様に計算でき，期待値と分散はつぎのようになる：

$$E(T) = \frac{n(n+1)}{4}, \quad V(T) = \frac{n(n+1)(2n+1)}{24} \qquad (8.10)$$

注意：標本数が $n \geq 30$ ならば，大標本法が使えるので T は式 (8.10) の平均，分散をもつ正規分布で近似できる．ただし，n がそれほど大きくないときは連続補正は使ったほうがよい．

問 5. 上の $n = 6$ のときの確率計算で，$T = 6$ になるときの順位をすべて調べ，$P(6)$ を求めよ．

問 6. 式 (8.10) の期待値が満たす等式を証明せよ．

問 7. 問題 6.4 の表 6.2 に対して，X の分布はわからないとして，新ガソリンは走行距離を伸ばしたといえるか，$\alpha = 0.05$ で検定せよ．

付　　　　録

表 I. 一　様　乱　数 (1)

乱数を選ぶ際は，最初の1つは勝手に選び，左右・上下の任意の方向に沿って必要な個数だけ選べばよい．

	1	2	3	4	5	6	7	8	9	10
1	31 80	76 88	46 67	28 49	63 87	02 14	92 70	06 87	25 50	78 98
2	87 36	48 35	95 73	59 99	97 04	12 78	86 42	03 25	80 71	32 62
3	68 81	31 56	70 15	03 20	01 91	40 93	78 45	77 17	54 61	63 23
4	80 30	21 82	19 80	12 26	15 50	39 64	67 45	55 49	69 17	95 70
5	48 14	05 77	64 48	78 85	37 81	39 50	37 82	90 35	25 21	73 35
6	71 34	66 22	85 88	22 99	21 84	64 23	69 72	59 79	57 85	51 86
7	75 54	73 10	21 47	87 38	64 67	75 55	52 22	85 63	74 67	95 34
8	67 43	47 55	33 59	94 18	26 04	72 20	05 20	25 06	31 65	31 78
9	44 75	41 97	49 39	44 86	88 21	49 98	79 24	21 97	17 61	32 19
10	41 22	80 50	32 99	60 53	00 11	86 31	59 12	42 24	65 57	25 46
11	46 54	24 05	20 86	96 10	82 72	56 21	53 29	38 09	96 21	93 80
12	96 45	70 37	93 91	40 43	73 04	60 30	59 35	31 28	23 60	32 12
13	67 65	14 47	72 92	25 30	74 19	81 30	29 07	08 03	99 58	58 40
14	17 98	21 17	16 58	75 71	34 85	18 02	67 92	81 00	03 97	64 74
15	21 93	90 21	75 49	09 55	55 43	35 99	62 68	40 63	98 53	36 85
16	26 24	10 70	90 64	42 53	96 62	43 92	10 81	94 65	77 35	99 02
17	99 83	75 38	53 22	58 35	43 04	74 86	00 33	33 13	61 15	29 27
18	88 30	60 06	46 15	35 62	35 06	39 16	82 03	78 88	92 96	48 38
19	78 49	74 67	67 97	30 55	85 40	81 70	98 35	88 06	92 44	34 46
20	07 82	67 24	54 91	29 26	64 57	81 18	89 57	14 71	62 68	01 41
21	50 39	63 39	56 75	35 48	33 34	60 21	61 44	95 66	25 40	44 52
22	66 52	36 14	23 18	80 16	70 73	60 83	15 54	01 07	22 52	88 40
23	40 25	57 33	07 70	75 18	79 05	34 44	21 35	73 88	65 94	88 44
24	88 28	42 08	55 61	72 52	77 88	02 87	85 73	60 82	76 60	79 35
25	09 02	59 71	18 08	54 83	05 52	07 72	62 09	23 44	88 24	26 13
1	39 52	00 73	48 11	72 24	72 98	60 93	64 16	91 18	92 89	74 08
2	53 48	56 40	82 50	47 54	19 06	43 12	70 54	26 39	49 22	98 89
3	11 31	14 12	92 93	72 41	56 86	68 09	78 01	64 79	52 10	03 67
4	86 05	62 42	18 90	08 91	12 37	77 37	71 93	89 55	33 77	63 31
5	28 30	81 54	19 60	48 96	39 60	80 77	11 28	19 60	03 63	35 02
6	91 89	71 77	26 43	24 34	14 44	60 02	38 24	04 18	04 99	52 70
7	53 33	14 67	97 47	46 95	91 11	29 73	89 68	25 84	58 48	72 45
8	61 35	92 55	74 93	68 63	95 59	28 84	87 28	91 81	68 77	66 06
9	82 96	98 64	37 18	70 30	41 68	79 94	96 51	92 04	54 26	32 65
10	02 58	06 55	95 32	06 97	55 50	43 86	13 04	40 67	69 34	84 19
11	37 93	20 33	39 75	96 12	90 93	24 02	17 76	12 54	95 16	16 60
12	86 03	29 77	77 65	33 99	14 27	01 44	00 73	50 60	83 58	04 19
13	72 20	04 94	92 13	78 39	19 24	88 77	77 14	14 99	56 38	94 53
14	16 45	46 43	32 56	14 05	62 93	15 63	95 36	22 64	15 48	59 95
15	22 42	44 49	27 25	02 92	35 22	24 84	52 05	56 31	82 62	95 32
16	87 80	63 41	37 38	24 97	08 44	77 17	52 69	56 54	00 85	08 67
17	48 33	27 75	19 95	32 91	31 16	56 19	76 18	71 65	89 08	11 09
18	83 71	95 72	06 65	48 85	24 72	63 63	95 86	52 31	42 00	80 37
19	57 77	66 85	52 47	74 37	36 98	78 28	04 64	58 84	11 76	40 52
20	27 04	26 45	34 62	30 49	48 05	65 84	00 86	19 81	17 81	76 83
21	30 23	66 72	10 65	71 27	10 65	05 03	72 32	86 83	53 47	84 91
22	73 24	50 31	25 10	87 20	41 17	07 46	02 69	38 26	70 31	77 16
23	93 72	15 42	44 83	00 34	92 20	17 16	75 53	86 64	89 40	51 28
24	55 47	05 60	79 04	53 76	33 15	54 44	75 23	18 21	15 57	82 26
25	98 92	15 09	78 74	66 06	43 62	22 32	96 97	57 92	77 44	12 31

表 I. 一様乱数 (2)

	1	2	3	4	5	6	7	8	9	10
1	08 51	69 50	04 41	73 26	27 91	05 34	71 17	71 69	20 02	28 86
2	34 91	94 98	16 14	61 12	33 85	85 86	86 79	22 88	45 37	39 18
3	46 39	86 69	33 33	79 31	18 31	65 88	65 13	27 84	77 91	16 36
4	79 37	23 86	16 07	19 73	93 68	88 21	70 93	49 52	07 60	75 62
5	13 98	11 01	04 86	14 12	88 66	74 57	19 81	36 15	97 47	18 84
6	03 63	13 57	68 69	75 61	43 37	75 69	82 61	39 27	39 14	34 04
7	35 05	41 85	47 05	43 18	68 70	25 28	50 42	07 13	63 51	35 29
8	27 23	61 11	02 82	31 14	82 94	44 95	20 40	80 78	95 71	18 31
9	65 52	60 82	61 81	60 81	16 79	94 74	64 85	39 15	44 30	65 40
10	17 04	50 46	76 62	54 93	19 36	76 95	95 62	94 08	52 51	05 46
11	38 18	03 32	27 01	32 40	63 65	83 61	64 10	23 81	31 88	10 58
12	66 78	07 65	23 00	28 18	26 66	96 33	87 27	78 00	04 41	05 58
13	17 55	46 04	55 88	43 04	09 38	75 83	37 29	89 18	91 02	68 43
14	98 12	05 66	32 72	09 80	41 73	66 94	16 14	15 79	26 54	10 45
15	05 40	73 09	45 93	47 45	23 98	98 16	86 10	07 18	09 75	39 25
16	65 00	59 49	02 71	71 86	25 85	81 34	50 34	03 09	73 70	49 10
17	96 66	20 47	96 43	21 80	47 34	10 16	16 94	75 65	39 14	15 93
18	04 19	67 16	45 10	19 39	18 76	65 27	44 87	63 92	30 17	82 81
19	84 00	60 17	09 21	69 13	49 78	19 67	23 40	26 84	57 39	25 58
20	75 21	29 55	38 84	99 18	80 42	72 77	52 62	95 24	73 76	49 20
21	64 25	21 10	83 29	25 30	39 08	06 32	03 80	29 27	68 02	38 99
22	75 94	35 96	83 66	95 42	40 15	25 21	89 80	78 97	65 48	18 65
23	27 98	74 45	10 34	05 34	10 04	97 19	79 01	93 28	17 42	55 17
24	26 00	07 01	01 50	73 03	99 54	17 75	40 30	23 06	03 22	03 76
25	69 92	28 14	17 56	43 34	89 98	55 61	17 15	10 52	88 50	06 32
1	99 91	40 76	10 14	96 76	62 92	33 64	62 89	74 49	98 06	93 29
2	94 19	13 73	33 25	08 99	13 69	08 41	06 61	36 34	25 70	28 95
3	71 29	49 90	61 03	14 47	75 09	20 62	82 40	64 68	52 23	39 57
4	57 94	89 27	76 48	67 78	07 11	89 08	92 02	07 13	90 86	31 17
5	48 14	43 57	85 07	47 06	87 03	79 51	07 84	16 15	73 28	78 73
6	51 33	90 62	81 83	07 92	77 48	00 63	13 83	30 47	90 24	36 26
7	93 22	56 47	71 10	58 50	68 85	04 16	95 19	29 14	06 89	41 75
8	71 72	63 81	47 23	34 53	38 72	34 72	53 89	25 90	11 74	47 22
9	11 55	63 69	29 36	24 80	58 52	11 22	68 28	05 29	37 08	27 55
10	19 25	93 92	65 52	81 49	87 83	85 38	27 16	80 76	96 47	81 04
11	94 51	69 14	37 48	28 25	26 06	80 74	14 10	31 64	31 85	18 31
12	61 37	75 77	55 85	66 81	15 80	49 08	11 96	08 68	62 22	38 64
13	36 15	80 02	08 40	16 47	74 47	19 15	37 94	30 03	93 47	13 93
14	28 95	03 33	17 14	22 79	42 65	16 66	49 99	88 72	53 28	99 20
15	32 10	00 22	30 36	93 54	20 74	99 23	31 40	90 69	67 58	42 43
16	86 62	84 82	20 15	64 84	68 36	82 88	06 35	29 78	44 46	65 73
17	75 13	25 85	35 99	34 58	64 89	25 02	23 89	13 15	38 44	73 89
18	37 43	21 14	95 89	37 54	62 94	30 48	88 92	22 84	31 67	54 92
19	59 07	59 61	80 34	95 47	89 80	80 97	86 01	07 66	73 90	10 11
20	76 74	00 39	32 23	28 50	66 48	85 21	99 93	97 70	87 01	68 18
21	78 48	77 89	09 34	58 32	92 78	88 82	26 16	42 07	65 11	70 11
22	97 69	46 35	30 37	09 92	37 79	00 83	44 26	13 51	69 76	75 11
23	15 11	15 40	78 82	91 13	94 52	13 53	38 03	59 39	80 80	54 18
24	84 75	45 15	90 97	56 69	19 97	08 07	00 02	01 12	61 43	15 01
25	93 92	46 14	29 03	87 70	94 14	58 85	27 73	28 37	93 35	32 91

表 II. 正規分布

表の数値は，確率 $P(0 \leq Z \leq z)$ の値（右図の黒い部分の面積）である．数 z は，小数第 1 桁までの値が左端の値で，小数第 2 桁目が上の欄の値になる．例えば，$P(0 \leq Z \leq 1.25)$ の値は，左の 1.2 の行と上の .05 の列の交わった所の数値で .3944 である．

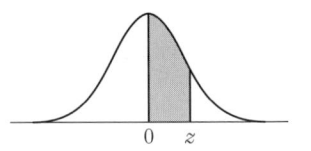

z	.00	.01	.02	.03	.04	.05	.06	.07	.08	.09
0.0	.0000	.0040	.0080	.0120	.0160	.0199	.0239	.0279	.0319	.0359
0.1	.0398	.0438	.0478	.0517	.0557	.0596	.0636	.0675	.0714	.0753
0.2	.0793	.0832	.0871	.0910	.0948	.0987	.1026	.1064	.1103	.1141
0.3	.1179	.1217	.1255	.1293	.1331	.1368	.1406	.1443	.1480	.1517
0.4	.1554	.1591	.1628	.1664	.1700	.1736	.1772	.1808	.1844	.1879
0.5	.1915	.1950	.1985	.2019	.2054	.2088	.2123	.2157	.2190	.2224
0.6	.2257	.2291	.2324	.2357	.2389	.2422	.2454	.2486	.2517	.2549
0.7	.2580	.2611	.2642	.2673	.2703	.2734	.2764	.2794	.2823	.2852
0.8	.2881	.2910	.2939	.2967	.2995	.3023	.3051	.3078	.3106	.3133
0.9	.3159	.3186	.3212	.3238	.3264	.3289	.3315	.3340	.3365	.3389
1.0	.3413	.3438	.3461	.3485	.3508	.3531	.3554	.3577	.3599	.3621
1.1	.3643	.3665	.3686	.3708	.3729	.3749	.3770	.3790	.3810	.3830
1.2	.3849	.3869	.3888	.3907	.3925	.3944	.3962	.3980	.3997	.4015
1.3	.4032	.4049	.4066	.4082	.4099	.4115	.4131	.4147	.4162	.4177
1.4	.4192	.4207	.4222	.4236	.4251	.4265	.4279	.4292	.4306	.4319
1.5	.4332	.4345	.4357	.4370	.4382	.4394	.4406	.4418	.4429	.4441
1.6	.4452	.4463	.4474	.4484	.4495	.4505	.4515	.4525	.4535	.4545
1.7	.4554	.4564	.4573	.4582	.4591	.4599	.4608	.4616	.4625	.4633
1.8	.4641	.4649	.4656	.4664	.4671	.4678	.4686	.4693	.4699	.4706
1.9	.4713	.4719	.4726	.4732	.4738	.4744	.4750	.4756	.4761	.4767
2.0	.4772	.4778	.4783	.4788	.4793	.4798	.4803	.4808	.4812	.4817
2.1	.4821	.4826	.4830	.4834	.4838	.4842	.4846	.4850	.4854	.4857
2.2	.4861	.4864	.4868	.4871	.4875	.4878	.4881	.4884	.4887	.4890
2.3	.4893	.4896	.4898	.4901	.4904	.4906	.4909	.4911	.4913	.4916
2.4	.4918	.4920	.4922	.4925	.4927	.4929	.4931	.4932	.4934	.4936
2.5	.4938	.4940	.4941	.4943	.4945	.4946	.4948	.4949	.4951	.4952
2.6	.4953	.4955	.4956	.4957	.4959	.4960	.4961	.4962	.4963	.4964
2.7	.4965	.4966	.4967	.4968	.4969	.4970	.4971	.4972	.4973	.4974
2.8	.4974	.4975	.4976	.4977	.4977	.4978	.4979	.4979	.4980	.4981
2.9	.4981	.4982	.4982	.4983	.4984	.4984	.4985	.4985	.4986	.4986
3.0	.4987	.4987	.4987	.4988	.4988	.4989	.4989	.4989	.4990	.4990

〔注〕 $P(1.282 \leq Z) = 0.1$, $P(1.645 \leq Z) = 0.05$, $P(1.96 \leq Z) = 0.025$, $P(2.326 \leq Z) = 0.01$, $P(2.576 \leq Z) = 0.005$ はよく使われる．

表 III. スチューデントの t 分布

表の数値は，図の黒い部分の確率，すなわち $P(t \leq T) = p$ を満たす t の値が書かれている．左端の列が自由度 ν，一番上の行の値が確率 p である．

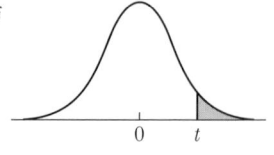

p \ ν	.35	.30	.250	.200	.150	.100	.050	.025	.010	.005
1	.510	.727	1.000	1.376	1.963	3.078	6.314	12.706	31.821	63.657
2	.445	.617	.816	1.061	1.386	1.886	2.920	4.303	6.965	9.925
3	.424	.584	.765	.978	1.250	1.638	2.353	3.182	4.541	5.841
4	.414	.569	.741	.941	1.190	1.533	2.132	2.776	3.747	4.604
5	.408	.559	.727	.920	1.156	1.476	2.015	2.571	3.365	4.032
6	.404	.553	.718	.906	1.134	1.440	1.943	2.447	3.143	3.707
7	.402	.549	.711	.896	1.119	1.415	1.895	2.365	2.998	3.499
8	.399	.546	.706	.889	1.108	1.397	1.860	2.306	2.896	3.355
9	.398	.543	.703	.883	1.100	1.383	1.833	2.262	2.821	3.250
10	.397	.542	.700	.879	1.093	1.372	1.812	2.228	2.764	3.169
11	.396	.540	.697	.876	1.088	1.363	1.796	2.201	2.718	3.106
12	.395	.539	.695	.873	1.083	1.356	1.782	2.179	2.681	3.055
13	.394	.538	.694	.870	1.079	1.350	1.771	2.160	2.650	3.012
14	.393	.537	.692	.868	1.076	1.345	1.761	2.145	2.624	2.977
15	.393	.536	.691	.866	1.074	1.341	1.753	2.131	2.602	2.947
16	.392	.535	.690	.865	1.071	1.337	1.746	2.120	2.583	2.921
17	.392	.534	.689	.863	1.069	1.333	1.740	2.110	2.567	2.898
18	.392	.534	.688	.862	1.067	1.330	1.734	2.101	2.552	2.878
19	.391	.533	.688	.861	1.066	1.328	1.729	2.093	2.539	2.861
20	.391	.533	.687	.860	1.064	1.325	1.725	2.086	2.528	2.845
21	.391	.532	.686	.859	1.063	1.323	1.721	2.080	2.518	2.831
22	.390	.532	.686	.858	1.061	1.321	1.717	2.074	2.508	2.819
23	.390	.532	.685	.858	1.060	1.319	1.714	2.069	2.500	2.807
24	.390	.531	.685	.857	1.059	1.318	1.711	2.064	2.492	2.797
25	.390	.531	.684	.856	1.058	1.316	1.708	2.060	2.485	2.787
26	.390	.531	.684	.856	1.058	1.315	1.706	2.056	2.479	2.779
27	.389	.531	.684	.855	1.057	1.314	1.703	2.052	2.473	2.771
28	.389	.530	.683	.855	1.056	1.313	1.701	2.048	2.467	2.763
29	.389	.530	.683	.854	1.055	1.311	1.699	2.045	2.462	2.756
30	.389	.530	.683	.854	1.055	1.310	1.697	2.042	2.457	2.750
40	.388	.529	.681	.851	1.050	1.303	1.684	2.021	2.423	2.704
60	.387	.527	.679	.848	1.045	1.296	1.671	2.000	2.390	2.660
120	.386	.526	.677	.845	1.041	1.289	1.658	1.980	2.358	2.617
∞	.385	.524	.674	.842	1.036	1.282	1.645	1.960	2.326	2.576

表 IV. χ^2 分布

表の数値は, 図の黒い部分の確率, すなわち $P(\chi_0^2 \leq \chi^2) = p$ を満たす χ_0^2 の値が書かれている. 左端の列が自由度 ν, 一番上の行の値が確率 p である.

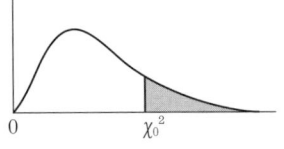

ν \ p	0.995	0.975	0.050	0.025	0.010	0.005
1	$.0^4 392704$	$.0^3 982069$	3.84146	5.02389	6.63490	7.87944
2	.0100251	.0506356	5.99146	7.37776	9.21034	10.5966
3	.0717218	.215795	7.81473	9.34840	11.3449	12.8382
4	.206989	.484419	9.48773	11.1433	13.2767	14.8603
5	.411742	.831212	11.0705	12.8325	15.0863	16.7496
6	.675727	1.23734	12.5916	14.4494	16.8119	18.5476
7	.989256	1.68987	14.0671	16.0128	18.4753	20.2777
8	1.34441	2.17973	15.5073	17.5345	20.0902	21.9550
9	1.73493	2.70039	16.9190	19.0228	21.6660	23.5894
10	2.15586	3.24697	18.3070	20.4832	23.2093	25.1882
11	2.60322	3.81575	19.6751	21.9200	24.7250	26.7568
12	3.07382	4.40379	21.0261	23.3367	26.2170	28.2995
13	3.56503	5.00875	22.3620	24.7356	27.6882	29.8195
14	4.07467	5.62873	23.6848	26.1189	29.1412	31.3193
15	4.60092	6.26214	24.9958	27.4884	30.5779	32.8013
16	5.14221	6.90766	26.2962	28.8454	31.9999	34.2672
17	5.69722	7.56419	27.5871	30.1910	33.4087	35.7185
18	6.26480	8.23075	28.8693	31.5264	34.8053	37.1565
19	6.84397	8.90652	30.1435	32.8523	36.1909	38.5823
20	7.43384	9.59078	31.4104	34.1696	37.5662	39.9968
21	8.03365	10.2829	32.6706	35.4789	38.9322	41.4011
22	8.64272	10.9823	33.9244	36.7807	40.2894	42.7957
23	9.26042	11.6886	35.1725	38.0756	41.6384	44.1813
24	9.88623	12.4012	36.4150	39.3641	42.9798	45.5585
25	10.5197	13.1197	37.6525	40.6465	44.3141	46.9279
26	11.1602	13.8439	38.8851	41.9232	45.6417	48.2899
27	11.8076	14.5734	40.1133	43.1945	46.9629	49.6449
28	12.4613	15.3079	41.3371	44.4608	48.2782	50.9934
29	13.1211	16.0471	42.5570	45.7223	49.5879	52.3356
30	13.7867	16.7908	43.7730	46.9792	50.8922	53.6720
40	20.7065	24.4330	55.7585	59.3417	63.6907	66.7660
50	27.9907	32.3574	67.5048	71.4202	76.1539	79.4900
60	35.5345	40.4817	79.0819	83.2977	88.3794	91.9517
70	43.2752	48.7576	90.5312	95.0232	100.425	104.215
80	51.1719	57.1532	101.879	106.629	112.329	116.321
90	59.1963	65.6466	113.145	118.136	124.116	128.299
100	67.3276	74.2219	124.342	129.561	135.807	140.169

〔注〕 $.0^4 392704$ は 0.0000392704 を表す.

表 V. F 分布 (1)

自由度 (m, n) の右側 2.5 % 点.

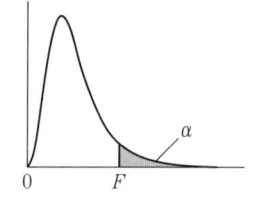

$\alpha = 0.025$

n \ m	1	2	3	4	5	6	7	8	9
1	647.789	799.500	864.163	899.583	921.848	937.111	948.217	956.656	963.285
2	38.506	39.000	39.165	39.248	39.298	39.331	39.355	39.373	39.387
3	17.443	16.044	15.439	15.101	14.885	14.735	14.624	14.540	14.473
4	12.218	10.649	9.979	9.605	9.364	9.197	9.074	8.980	8.905
5	10.007	8.434	7.764	7.388	7.146	6.978	6.853	6.757	6.681
6	8.813	7.260	6.599	6.227	5.988	5.820	5.695	5.600	5.523
7	8.073	6.542	5.890	5.523	5.285	5.119	4.995	4.899	4.823
8	7.571	6.059	5.416	5.053	4.817	4.652	4.529	4.433	4.357
9	7.209	5.715	5.078	4.718	4.484	4.320	4.197	4.102	4.026
10	6.937	5.456	4.826	4.468	4.236	4.072	3.950	3.855	3.779
11	6.724	5.256	4.630	4.275	4.044	3.881	3.759	3.664	3.588
12	6.554	5.096	4.474	4.121	3.891	3.728	3.607	3.512	3.436
13	6.414	4.965	4.347	3.996	3.767	3.604	3.483	3.388	3.312
14	6.298	4.857	4.242	3.892	3.663	3.501	3.380	3.285	3.209
15	6.200	4.765	4.153	3.804	3.576	3.415	3.293	3.199	3.123
16	6.115	4.687	4.077	3.729	3.502	3.341	3.219	3.125	3.049
17	6.042	4.619	4.011	3.665	3.438	3.277	3.156	3.061	2.985
18	5.978	4.560	3.954	3.608	3.382	3.221	3.100	3.005	2.929
19	5.922	4.508	3.903	3.559	3.333	3.172	3.051	2.956	2.880
20	5.871	4.461	3.859	3.515	3.289	3.128	3.007	2.913	2.837
21	5.827	4.420	3.819	3.475	3.250	3.090	2.969	2.874	2.798
22	5.786	4.383	3.783	3.440	3.215	3.055	2.934	2.839	2.763
23	5.750	4.349	3.750	3.408	3.183	3.023	2.902	2.808	2.731
24	5.717	4.319	3.721	3.379	3.155	2.995	2.874	2.779	2.703
25	5.686	4.291	3.694	3.353	3.129	2.969	2.848	2.753	2.677
26	5.659	4.265	3.670	3.329	3.105	2.945	2.824	2.729	2.653
27	5.633	4.242	3.647	3.307	3.083	2.923	2.802	2.707	2.631
28	5.610	4.221	3.626	3.286	3.063	2.903	2.782	2.687	2.611
29	5.588	4.201	3.607	3.267	3.044	2.884	2.763	2.669	2.592
30	5.568	4.182	3.589	3.250	3.026	2.867	2.746	2.651	2.575
31	5.549	4.165	3.573	3.234	3.010	2.851	2.730	2.635	2.558
32	5.531	4.149	3.557	3.218	2.995	2.836	2.715	2.620	2.543
33	5.515	4.134	3.543	3.204	2.981	2.822	2.701	2.606	2.529
34	5.499	4.120	3.529	3.191	2.968	2.808	2.688	2.593	2.516
35	5.485	4.106	3.517	3.179	2.956	2.796	2.676	2.581	2.504
36	5.471	4.094	3.505	3.167	2.944	2.785	2.664	2.569	2.492
37	5.458	4.082	3.493	3.156	2.933	2.774	2.653	2.558	2.481
38	5.446	4.071	3.483	3.145	2.923	2.763	2.643	2.548	2.471
39	5.435	4.061	3.473	3.135	2.913	2.754	2.633	2.538	2.461
40	5.424	4.051	3.463	3.126	2.904	2.744	2.624	2.529	2.452
60	5.286	3.925	3.343	3.008	2.786	2.627	2.507	2.412	2.334
80	5.218	3.864	3.284	2.950	2.730	2.571	2.450	2.355	2.277
120	5.152	3.805	3.227	2.894	2.674	2.515	2.395	2.299	2.222
240	5.088	3.746	3.171	2.839	2.620	2.461	2.341	2.245	2.167
∞	5.024	3.689	3.116	2.786	2.567	2.408	2.288	2.192	2.114

$\alpha = 0.025$

10	12	15	20	24	30	40	60	120	∞	$m \backslash n$
968.627	976.708	984.867	993.103	997.249	1001.414	1005.598	1009.800	1014.020	1018.258	1
39.398	39.415	39.431	39.448	39.456	39.465	39.473	39.481	39.490	39.498	2
14.419	14.337	14.253	14.167	14.124	14.081	14.037	13.992	13.947	13.902	3
8.844	8.751	8.657	8.560	8.511	8.461	8.411	8.360	8.309	8.257	4
6.619	6.525	6.428	6.329	6.278	6.227	6.175	6.123	6.069	6.015	5
5.461	5.366	5.269	5.168	5.117	5.065	5.012	4.959	4.904	4.849	6
4.761	4.666	4.568	4.467	4.415	4.362	4.309	4.254	4.199	4.142	7
4.295	4.200	4.101	3.999	3.947	3.894	3.840	3.784	3.728	3.670	8
3.964	3.868	3.769	3.667	3.614	3.560	3.505	3.449	3.392	3.333	9
3.717	3.621	3.522	3.419	3.365	3.311	3.255	3.198	3.140	3.080	10
3.526	3.430	3.330	3.226	3.173	3.118	3.061	3.004	2.944	2.883	11
3.374	3.277	3.177	3.073	3.019	2.963	2.906	2.848	2.787	2.725	12
3.250	3.153	3.053	2.948	2.893	2.837	2.780	2.720	2.659	2.595	13
3.147	3.050	2.949	2.844	2.789	2.732	2.674	2.614	2.552	2.487	14
3.060	2.963	2.862	2.756	2.701	2.644	2.585	2.524	2.461	2.395	15
2.986	2.889	2.788	2.681	2.625	2.568	2.509	2.447	2.383	2.316	16
2.922	2.825	2.723	2.616	2.560	2.502	2.442	2.380	2.315	2.247	17
2.866	2.769	2.667	2.559	2.503	2.445	2.384	2.321	2.256	2.187	18
2.817	2.720	2.617	2.509	2.452	2.394	2.333	2.270	2.203	2.133	19
2.774	2.676	2.573	2.464	2.408	2.349	2.287	2.223	2.156	2.085	20
2.735	2.637	2.534	2.425	2.368	2.308	2.246	2.182	2.114	2.042	21
2.700	2.602	2.498	2.389	2.331	2.272	2.210	2.145	2.076	2.003	22
2.668	2.570	2.466	2.357	2.299	2.239	2.176	2.111	2.041	1.968	23
2.640	2.541	2.437	2.327	2.269	2.209	2.146	2.080	2.010	1.935	24
2.613	2.515	2.411	2.300	2.242	2.182	2.118	2.052	1.981	1.906	25
2.590	2.491	2.387	2.276	2.217	2.157	2.093	2.026	1.954	1.878	26
2.568	2.469	2.364	2.253	2.195	2.133	2.069	2.002	1.930	1.853	27
2.547	2.448	2.344	2.232	2.174	2.112	2.048	1.980	1.907	1.829	28
2.529	2.430	2.325	2.213	2.154	2.092	2.028	1.959	1.886	1.807	29
2.511	2.412	2.307	2.195	2.136	2.074	2.009	1.940	1.866	1.787	30
2.495	2.396	2.291	2.178	2.119	2.057	1.991	1.922	1.848	1.768	31
2.480	2.381	2.275	2.163	2.103	2.041	1.975	1.905	1.831	1.750	32
2.466	2.366	2.261	2.148	2.088	2.026	1.960	1.890	1.815	1.733	33
2.453	2.353	2.248	2.135	2.075	2.012	1.946	1.875	1.799	1.717	34
2.440	2.341	2.235	2.122	2.062	1.999	1.932	1.861	1.785	1.702	35
2.429	2.329	2.223	2.110	2.049	1.986	1.919	1.848	1.772	1.687	36
2.418	2.318	2.212	2.098	2.038	1.974	1.907	1.836	1.759	1.674	37
2.407	2.307	2.201	2.088	2.027	1.963	1.896	1.824	1.747	1.661	38
2.397	2.298	2.191	2.077	2.017	1.953	1.885	1.813	1.735	1.649	39
2.388	2.288	2.182	2.068	2.007	1.943	1.875	1.803	1.724	1.637	40
2.270	2.169	2.061	1.944	1.882	1.815	1.744	1.667	1.581	1.482	60
2.213	2.111	2.003	1.884	1.820	1.752	1.679	1.599	1.508	1.400	80
2.157	2.055	1.945	1.825	1.760	1.690	1.614	1.530	1.433	1.310	120
2.102	1.999	1.888	1.766	1.700	1.628	1.549	1.460	1.354	1.206	240
2.048	1.945	1.833	1.708	1.640	1.566	1.484	1.388	1.268	1.000	∞

表 V. F 分布 (2)

自由度 (m, n) の右側 5% 点.

$\alpha = 0.05$

n \ m	1	2	3	4	5	6	7	8	9
1	161.448	199.500	215.707	224.583	230.162	233.986	236.768	238.883	240.543
2	18.513	19.000	19.164	19.247	19.296	19.330	19.353	19.371	19.385
3	10.128	9.552	9.277	9.117	9.013	8.941	8.887	8.845	8.812
4	7.709	6.944	6.591	6.388	6.256	6.163	6.094	6.041	5.999
5	6.608	5.786	5.409	5.192	5.050	4.950	4.876	4.818	4.772
6	5.987	5.143	4.757	4.534	4.387	4.284	4.207	4.147	4.099
7	5.591	4.737	4.347	4.120	3.972	3.866	3.787	3.726	3.677
8	5.318	4.459	4.066	3.838	3.687	3.581	3.500	3.438	3.388
9	5.117	4.256	3.863	3.633	3.482	3.374	3.293	3.230	3.179
10	4.965	4.103	3.708	3.478	3.326	3.217	3.135	3.072	3.020
11	4.844	3.982	3.587	3.357	3.204	3.095	3.012	2.948	2.896
12	4.747	3.885	3.490	3.259	3.106	2.996	2.913	2.849	2.796
13	4.667	3.806	3.411	3.179	3.025	2.915	2.832	2.767	2.714
14	4.600	3.739	3.344	3.112	2.958	2.848	2.764	2.699	2.646
15	4.543	3.682	3.287	3.056	2.901	2.790	2.707	2.641	2.588
16	4.494	3.634	3.239	3.007	2.852	2.741	2.657	2.591	2.538
17	4.451	3.592	3.197	2.965	2.810	2.699	2.614	2.548	2.494
18	4.414	3.555	3.160	2.928	2.773	2.661	2.577	2.510	2.456
19	4.381	3.522	3.127	2.895	2.740	2.628	2.544	2.477	2.423
20	4.351	3.493	3.098	2.866	2.711	2.599	2.514	2.447	2.393
21	4.325	3.467	3.072	2.840	2.685	2.573	2.488	2.420	2.366
22	4.301	3.443	3.049	2.817	2.661	2.549	2.464	2.397	2.342
23	4.279	3.422	3.028	2.796	2.640	2.528	2.442	2.375	2.320
24	4.260	3.403	3.009	2.776	2.621	2.508	2.423	2.355	2.300
25	4.242	3.385	2.991	2.759	2.603	2.490	2.405	2.337	2.282
26	4.225	3.369	2.975	2.743	2.587	2.474	2.388	2.321	2.265
27	4.210	3.354	2.960	2.728	2.572	2.459	2.373	2.305	2.250
28	4.196	3.340	2.947	2.714	2.558	2.445	2.359	2.291	2.236
29	4.183	3.328	2.934	2.701	2.545	2.432	2.346	2.278	2.223
30	4.171	3.316	2.922	2.690	2.534	2.421	2.334	2.266	2.211
31	4.160	3.305	2.911	2.679	2.523	2.409	2.323	2.255	2.199
32	4.149	3.295	2.901	2.668	2.512	2.399	2.313	2.244	2.189
33	4.139	3.285	2.892	2.659	2.503	2.389	2.303	2.235	2.179
34	4.130	3.276	2.883	2.650	2.494	2.380	2.294	2.225	2.170
35	4.121	3.267	2.874	2.641	2.485	2.372	2.285	2.217	2.161
36	4.113	3.259	2.866	2.634	2.477	2.364	2.277	2.209	2.153
37	4.105	3.252	2.859	2.626	2.470	2.356	2.270	2.201	2.145
38	4.098	3.245	2.852	2.619	2.463	2.349	2.262	2.194	2.138
39	4.091	3.238	2.845	2.612	2.456	2.342	2.255	2.187	2.131
40	4.085	3.232	2.839	2.606	2.449	2.336	2.249	2.180	2.124
60	4.001	3.150	2.758	2.525	2.368	2.254	2.167	2.097	2.040
80	3.960	3.111	2.719	2.486	2.329	2.214	2.126	2.056	1.999
120	3.920	3.072	2.680	2.447	2.290	2.175	2.087	2.016	1.959
240	3.880	3.033	2.642	2.409	2.252	2.136	2.048	1.977	1.919
∞	3.841	2.996	2.605	2.372	2.214	2.099	2.010	1.938	1.880

$\alpha = 0.05$

10	12	15	20	24	30	40	60	120	∞	m/n
241.882	243.906	245.950	248.013	249.052	250.095	251.143	252.196	253.253	254.314	1
19.396	19.413	19.429	19.446	19.454	19.462	19.471	19.479	19.487	19.496	2
8.786	8.745	8.703	8.660	8.639	8.617	8.594	8.572	8.549	8.526	3
5.964	5.912	5.858	5.803	5.774	5.746	5.717	5.688	5.658	5.628	4
4.735	4.678	4.619	4.558	4.527	4.496	4.464	4.431	4.398	4.365	5
4.060	4.000	3.938	3.874	3.841	3.808	3.774	3.740	3.705	3.669	6
3.637	3.575	3.511	3.445	3.410	3.376	3.340	3.304	3.267	3.230	7
3.347	3.284	3.218	3.150	3.115	3.079	3.043	3.005	2.967	2.928	8
3.137	3.073	3.006	2.936	2.900	2.864	2.826	2.787	2.748	2.707	9
2.978	2.913	2.845	2.774	2.737	2.700	2.661	2.621	2.580	2.538	10
2.854	2.788	2.719	2.646	2.609	2.570	2.531	2.490	2.448	2.404	11
2.753	2.687	2.617	2.544	2.505	2.466	2.426	2.384	2.341	2.296	12
2.671	2.604	2.533	2.459	2.420	2.380	2.339	2.297	2.252	2.206	13
2.602	2.534	2.463	2.388	2.349	2.308	2.266	2.223	2.178	2.131	14
2.544	2.475	2.403	2.328	2.288	2.247	2.204	2.160	2.114	2.066	15
2.494	2.425	2.352	2.276	2.235	2.194	2.151	2.106	2.059	2.010	16
2.450	2.381	2.308	2.230	2.190	2.148	2.104	2.058	2.011	1.960	17
2.412	2.342	2.269	2.191	2.150	2.107	2.063	2.017	1.968	1.917	18
2.378	2.308	2.234	2.155	2.114	2.071	2.026	1.980	1.930	1.878	19
2.348	2.278	2.203	2.124	2.082	2.039	1.994	1.946	1.896	1.843	20
2.321	2.250	2.176	2.096	2.054	2.010	1.965	1.916	1.866	1.812	21
2.297	2.226	2.151	2.071	2.028	1.984	1.938	1.889	1.838	1.783	22
2.275	2.204	2.128	2.048	2.005	1.961	1.914	1.865	1.813	1.757	23
2.255	2.183	2.108	2.027	1.984	1.939	1.892	1.842	1.790	1.733	24
2.236	2.165	2.089	2.007	1.964	1.919	1.872	1.822	1.768	1.711	25
2.220	2.148	2.072	1.990	1.946	1.901	1.853	1.803	1.749	1.691	26
2.204	2.132	2.056	1.974	1.930	1.884	1.836	1.785	1.731	1.672	27
2.190	2.118	2.041	1.959	1.915	1.869	1.820	1.769	1.714	1.654	28
2.177	2.104	2.027	1.945	1.901	1.854	1.806	1.754	1.698	1.638	29
2.165	2.092	2.015	1.932	1.887	1.841	1.792	1.740	1.683	1.622	30
2.153	2.080	2.003	1.920	1.875	1.828	1.779	1.726	1.670	1.608	31
2.142	2.070	1.992	1.908	1.864	1.917	1.767	1.714	1.657	1.594	32
2.133	2.060	1.982	1.898	1.853	1.806	1.756	1.702	1.645	1.581	33
2.123	2.050	1.972	1.888	1.843	1.795	1.745	1.691	1.633	1.569	34
2.114	2.041	1.963	1.878	1.833	1.786	1.735	1.681	1.623	1.558	35
2.106	2.033	1.954	1.870	1.824	1.776	1.726	1.671	1.612	1.547	36
2.098	2.025	1.946	1.861	1.816	1.768	1.717	1.662	1.603	1.537	37
2.091	2.017	1.939	1.853	1.808	1.760	1.708	1.653	1.594	1.527	38
2.084	2.010	1.931	1.846	1.800	1.752	1.700	1.645	1.585	1.518	39
2.077	2.003	1.924	1.839	1.793	1.744	1.693	1.637	1.577	1.509	40
1.993	1.917	1.836	1.748	1.700	1.649	1.594	1.534	1.467	1.389	60
1.951	1.875	1.793	1.703	1.654	1.602	1.545	1.482	1.411	1.325	80
1.910	1.834	1.750	1.659	1.608	1.554	1.495	1.429	1.352	1.254	120
1.870	1.793	1.708	1.614	1.563	1.507	1.445	1.375	1.290	1.170	240
1.831	1.752	1.666	1.571	1.517	1.459	1.394	1.318	1.221	1.000	∞

表 VI. 順位和の検定の有意点（1）

$\alpha = 0.025$（左側） $P(U \leq U_\alpha) \leq \alpha$ を満たす U_α の表

l\k	1	2	3	4	5	6	7	8	9	10	11	12	13	14	15	16	17	18	19	20
1	—																			
2	—	—																		
3	—	—	—																	
4	—	—	—	10																
5	—	—	6	11	17															
6	—	—	7	12	18	26														
7	—	—	7	13	20	27	36													
8	—	3	8	14	21	29	38	49												
9	—	3	8	14	22	31	40	51	62											
10	—	3	9	15	23	32	42	53	65	78										
11	—	3	9	16	24	34	44	55	68	81	96									
12	—	4	10	17	26	35	46	58	71	84	99	115								
13	—	4	10	18	27	37	48	60	73	88	103	119	136							
14	—	4	11	19	28	38	50	62	76	91	106	123	141	160						
15	—	4	11	20	29	40	52	65	79	94	110	127	145	164	184					
16	—	4	12	21	30	42	54	67	82	97	113	131	150	169	190	211				
17	—	5	12	21	32	43	56	70	84	100	117	135	154	174	195	217	240			
18	—	5	13	22	33	45	58	72	87	103	121	139	158	179	200	222	246	270		
19	—	5	13	23	34	46	60	74	90	107	124	143	163	183	205	228	252	277	303	
20	—	5	14	24	35	48	62	77	93	110	128	147	167	188	210	234	258	283	309	337

$\alpha = 0.025$（右側） $P(U_\alpha \leq U) \leq \alpha$ を満たす U_α の表

l\k	1	2	3	4	5	6	7	8	9	10	11	12	13	14	15	16	17	18	19	20
1	—																			
2	—	—																		
3	—	—	—																	
4	—	—	—	26																
5	—	—	21	29	38															
6	—	—	23	32	42	52														
7	—	—	26	35	45	57	69													
8	—	19	28	38	49	61	74	87												
9	—	21	31	42	53	65	79	93	109											
10	—	23	33	45	57	70	84	99	115	132										
11	—	25	36	48	61	74	89	105	121	139	157									
12	—	26	38	51	64	79	94	110	127	146	165	185								
13	—	28	41	54	68	83	99	116	134	152	172	193	215							
14	—	30	43	57	72	88	104	122	140	159	180	201	223	246						
15	—	32	46	60	76	92	109	127	146	166	187	209	232	256	281					
16	—	34	48	63	80	96	114	133	152	173	195	217	240	265	290	317				
17	—	35	51	67	83	101	119	138	159	180	202	225	249	274	300	327	355			
18	—	37	53	70	87	105	124	144	165	187	209	233	258	283	310	338	366	396		
19	—	39	56	73	91	110	129	150	171	193	217	241	266	293	320	348	377	407	438	
20	—	41	58	76	95	114	134	155	177	200	224	249	275	302	330	358	388	419	451	483

例：$k = 10$, $l = 15$ に対する左側 2.5 パーセント点は 94 である．また，右側 2.5 パーセント点は 166 である．

表 VI. 順位和の検定の有意点 (2)

$\alpha = 0.05$ (左側) $P(U \leq U_\alpha) \leq \alpha$ を満たす U_α の表

l\k	1	2	3	4	5	6	7	8	9	10	11	12	13	14	15	16	17	18	19	20
1	—																			
2	—	—																		
3	—	—	6																	
4	—	—	6	11																
5	—	3	7	12	19															
6	—	3	8	13	20	28														
7	—	3	8	14	21	29	39													
8	—	4	9	15	23	31	41	51												
9	—	4	10	16	24	33	43	54	66											
10	—	4	10	17	26	35	45	56	69	82										
11	—	4	11	18	27	37	47	59	72	86	100									
12	—	5	11	19	28	38	49	62	75	89	104	120								
13	—	5	12	20	30	40	52	64	78	92	108	125	142							
14	—	6	13	21	31	42	54	67	81	96	112	129	147	166						
15	—	6	13	22	33	44	56	69	84	99	116	133	152	171	192					
16	—	6	14	24	34	46	58	72	87	103	120	138	156	176	197	219				
17	—	6	15	25	35	47	61	75	90	106	123	142	161	182	203	225	249			
18	—	7	15	26	37	49	63	77	93	110	127	146	166	187	208	231	255	280		
19	1	7	16	27	38	51	65	80	96	113	131	150	171	192	214	237	262	287	313	
20	1	7	17	28	40	53	67	83	99	117	135	155	175	197	220	243	268	294	320	348

$\alpha = 0.05$ (右側) $P(U_\alpha \leq U) \leq \alpha$ を満たす U_α の表

l\k	1	2	3	4	5	6	7	8	9	10	11	12	13	14	15	16	17	18	19	20
1	—																			
2	—	—																		
3	—	—	15																	
4	—	—	18	25																
5	—	13	20	28	36															
6	—	15	22	31	40	50														
7	—	17	25	34	44	55	66													
8	—	18	27	37	47	59	71	85												
9	—	20	29	40	51	63	76	90	105											
10	—	22	32	43	54	67	81	96	111	128										
11	—	24	34	46	58	71	86	101	117	134	153									
12	—	25	37	49	62	76	91	106	123	141	160	180								
13	—	27	39	52	65	80	95	112	129	148	167	187	209							
14	—	28	41	55	69	84	100	117	135	154	174	195	217	240						
15	—	30	44	58	72	88	105	123	141	161	181	203	225	249	273					
16	—	32	46	60	76	92	110	128	147	167	188	210	234	258	283	309				
17	—	34	48	63	80	97	114	133	153	174	196	218	242	266	292	319	346			
18	—	35	51	66	83	101	119	139	159	180	203	226	250	275	302	329	357	386		
19	20	37	53	69	87	105	124	144	165	187	210	234	258	284	311	339	367	397	428	
20	21	39	55	72	90	109	129	149	171	193	217	241	267	293	320	349	378	408	440	472

例: $k = 15$, $l = 20$ に対する左側 5 パーセント点は 220 である. また, 右側 5 パーセント点は 320 である.

表 VII. 符号つき順位和の検定の有意点

$P(T \leq T_\alpha) \leq \alpha$ を満たす分布の左側 100α %点 T_α （左側確率が α 以下となる最大の点）の表．かっこ内の数値は，その T_α に対する正確な確率である．

n \ α	.005	.01	.025	.05
5	—	—	—	0 (.0312)
6	—	—	0 (.0156)	2 (.0469)
7	—	0 (.0078)	2 (.0234)	3 (.0391)
8	0 (.0039)	1 (.0078)	3 (.0195)	5 (.0391)
9	1 (.0039)	3 (.0098)	5 (.0195)	8 (.0488)
10	3 (.0049)	5 (.0098)	8 (.0244)	10 (.0420)
11	5 (.0049)	7 (.0093)	10 (.0210)	13 (.0415)
12	7 (.0046)	9 (.0081)	13 (.0212)	17 (.0461)
13	9 (.0040)	12 (.0085)	17 (.0239)	21 (.0471)
14	12 (.0043)	15 (.0083)	21 (.0247)	25 (.0453)
15	15 (.0042)	19 (.0090)	25 (.0240)	30 (.0473)
16	19 (.0046)	23 (.0091)	29 (.0222)	35 (.0467)
17	23 (.0047)	27 (.0087)	34 (.0224)	41 (.0492)
18	27 (.0045)	32 (.0091)	40 (.0241)	47 (.0494)
19	32 (.0047)	37 (.0090)	46 (.0247)	53 (.0478)
20	37 (.0047)	43 (.0096)	52 (.0242)	60 (.0487)
21	42 (.0045)	49 (.0097)	58 (.0230)	67 (.0479)
22	48 (.0046)	55 (.0095)	65 (.0231)	75 (.0492)
23	54 (.0046)	62 (.0098)	73 (.0242)	83 (.0490)
24	61 (.0048)	69 (.0097)	81 (.0245)	91 (.0475)
25	68 (.0048)	76 (.0094)	89 (.0241)	100 (.0479)
26	75 (.0047)	84 (.0095)	98 (.0247)	110 (.0497)
27	83 (.0048)	92 (.0093)	107 (.0246)	119 (.0477)
28	91 (.0048)	101 (.0096)	116 (.0239)	130 (.0496)
29	100 (.0049)	110 (.0095)	126 (.0240)	140 (.0482)
30	109 (.0050)	120 (.0098)	137 (.0249)	151 (.0481)
31	118 (.0049)	130 (.0099)	147 (.0239)	163 (.0491)
32	128 (.0050)	140 (.0097)	159 (.0249)	175 (.0492)
33	138 (.0049)	151 (.0099)	170 (.0242)	187 (.0485)
34	148 (.0048)	162 (.0098)	182 (.0242)	200 (.0488)
35	159 (.0048)	173 (.0096)	195 (.0247)	213 (.0484)
36	171 (.0050)	185 (.0096)	208 (.0248)	227 (.0489)
37	182 (.0048)	198 (.0099)	221 (.0245)	241 (.0487)
38	194 (.0048)	211 (.0099)	235 (.0247)	256 (.0493)
39	207 (.0049)	224 (.0099)	249 (.0246)	271 (.0493)
40	220 (.0049)	238 (.0100)	264 (.0249)	286 (.0486)
41	233 (.0048)	252 (.0100)	279 (.0248)	302 (.0488)
42	247 (.0049)	266 (.0098)	294 (.0245)	319 (.0496)
43	261 (.0048)	281 (.0098)	310 (.0245)	336 (.0498)
44	276 (.0049)	296 (.0097)	327 (.0250)	353 (.0495)
45	291 (.0049)	312 (.0098)	343 (.0244)	371 (.0498)
46	307 (.0050)	328 (.0098)	361 (.0249)	389 (.0497)
47	322 (.0048)	345 (.0099)	378 (.0245)	407 (.0490)
48	339 (.0050)	362 (.0099)	396 (.0244)	426 (.0490)
49	355 (.0049)	379 (.0098)	415 (.0247)	446 (.0495)
50	373 (.0050)	397 (.0098)	434 (.0247)	466 (.0495)

付　　　　　録　　*171*

〈正規確率紙〉

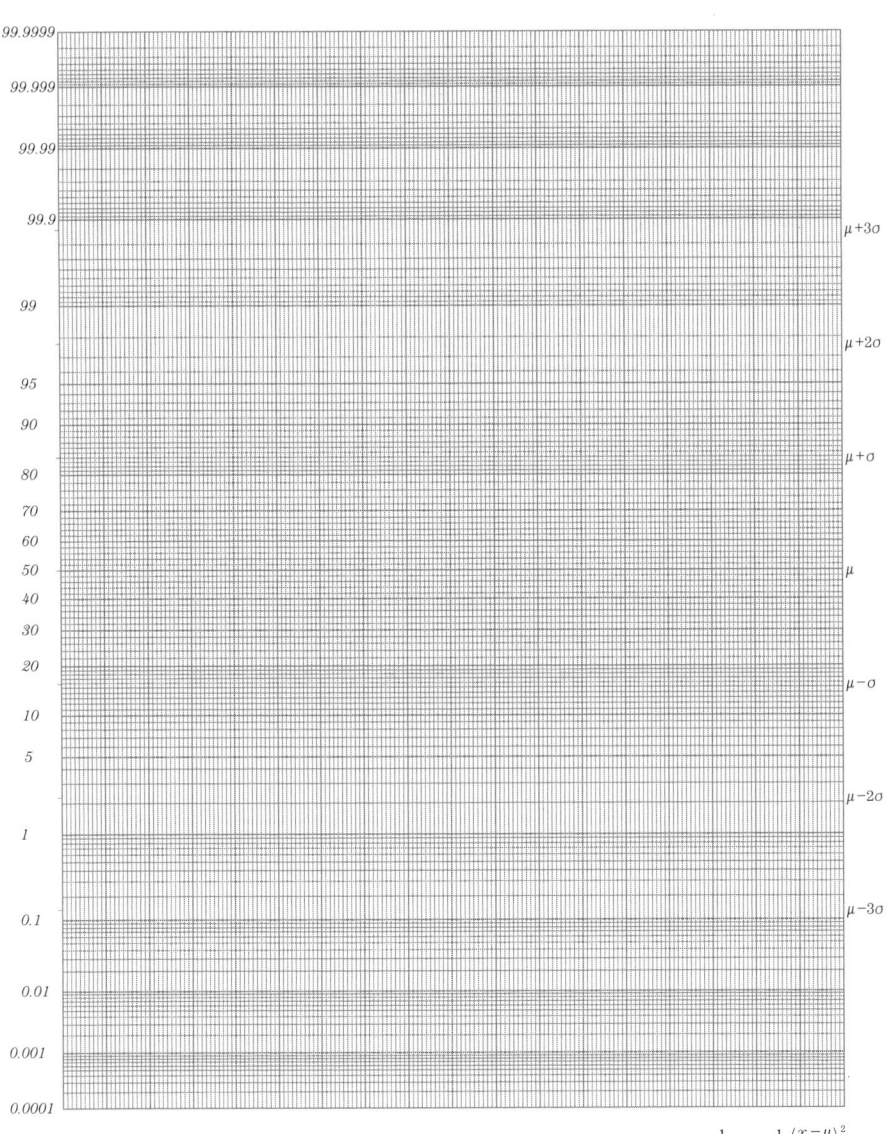

99.9999
99.999
99.99
99.9　　　　　　　　　　　　　　　　　　　　　　　　　　$\mu+3\sigma$
99
　　　　　　　　　　　　　　　　　　　　　　　　　　　　$\mu+2\sigma$
95
90
80　　　　　　　　　　　　　　　　　　　　　　　　　　　$\mu+\sigma$
70
60
50　　　　　　　　　　　　　　　　　　　　　　　　　　　μ
40
30
20
　　　　　　　　　　　　　　　　　　　　　　　　　　　　$\mu-\sigma$
10
5

1　　　　　　　　　　　　　　　　　　　　　　　　　　　　$\mu-2\sigma$

0.1　　　　　　　　　　　　　　　　　　　　　　　　　　　$\mu-3\sigma$
0.01
0.001
0.0001

確率密度関数 $f(x) = \dfrac{1}{\sqrt{2\pi}\sigma} e-\dfrac{1}{2}\left(\dfrac{x-\mu}{\sigma}\right)^2$
$(-\infty < x < +\infty)$

引用・参考文献

[1] 勝野恵子，井川俊彦：Excel によるメディカル/コ・メディカル統計入門，共立出版 (2003)
[2] 菅野隆三：統計学の基礎，丘書房 (1993)
[3] 鈴木七緒，安岡善則，志村利雄：詳解確率と統計演習，共立出版 (1998)
[4] 根岸龍雄 監修，階堂武郎 著：医系の統計入門，森北出版 (2004)
[5] W. Feller：An Introduction to Probability Theory and Its Applications, vol.1, (Modern Asia Editions), Wiley Tuttle (1970)
[6] 古川俊之 監修，丹後俊郎 著：新版医学への統計学，朝倉書店 (2001)
[7] P.G. ホーエル（浅井・村上 共訳）：初等統計学（第 4 版），培風館 (1994)
[8] 本間鶴千代，氏家勝巳：統計数学例題演習，森北出版 (1978)
[9] 森田優三：統計数理入門，日本評論社 (1975)
[10] 森田優三，久次智雄：演習統計概論，日本評論社 (1980)
[11] 統計数値表編集委員会 編：簡約統計数値表，日本規格協会 (1991)

前ページまでの付録の統計表は，日本規格協会のご好意により文献 [11]：
　　　「簡約統計数値表」日本規格協会（1991 年）
のものを使わせていただきました．ここに感謝の意を表します．

問 の 答

2章

問 1. (1) $\dfrac{3}{5}$　(2) $\dfrac{3}{5}$　(3) $\dfrac{3}{10}$

問 2. A が勝つ確率 $\dfrac{4}{7}$. B が勝つ確率 $\dfrac{2}{7}$. C が勝つ確率 $\dfrac{1}{7}$.

問 3. (1) $\dfrac{1}{6}$　(2) $\dfrac{41}{90}$　(3) $\dfrac{20}{41}$

問 4. 確率分布は解表 2.1 のようになる:

解表 2.1

X	2	3	4	5	6	7	8	9	10	11	12
P	$\frac{1}{36}$	$\frac{2}{36}$	$\frac{3}{36}$	$\frac{4}{36}$	$\frac{5}{36}$	$\frac{6}{36}$	$\frac{5}{36}$	$\frac{4}{36}$	$\frac{3}{36}$	$\frac{2}{36}$	$\frac{1}{36}$

$$E(X) = 7, \quad V(X) = \dfrac{35}{6}.$$

3章

問 1. $P(0) = \dfrac{625}{1296}$, $P(1) = \dfrac{125}{324}$, $P(2) = \dfrac{25}{216}$, $P(3) = \dfrac{5}{324}$, $P(4) = \dfrac{1}{1296}$

$E(X) = \dfrac{2}{3}, \quad V(X) = \dfrac{5}{9}.$

問 2. 共に線形補間を使う. (1) $a = 8.094$　(2) 79.74

問 3. $P(0 \leqq X \leqq 20) = 0.5$, 誤差は 0.06031. $P(19 \leqq X \leqq 21) = 0.2128$, 誤差は 0.1055. $P(23 \leqq X) = 0.2061$, 誤差は 0.0382.

問 4. 連続補正では $\dfrac{0.5}{n}$ をプラスあるいはマイナスして計算する.
$P(\widehat{P} \leqq 0.5025) = 0.0025$, で誤差は 0.000135.
$P(0.6475 \leqq \widehat{P}) = 0.0853$, で誤差は -0.00091.

問 5. $P(4 \leqq X) = 0.03379.$

4章

問 1. $\dfrac{7}{\sqrt{n}} \le 0.35$ より $n \ge 400$.　　**問 2.**　0.4714

問 3. $P\left(T \ge \dfrac{\sqrt{3}}{2}\right)$ を求めればよい．t 分布の右側 25 ％点と 20 ％で線形補間をして，答 0.2028 を得る．

5章

問 1.　[9.802, 11.20]　　**問 2.**　[21.48, 27.08]　　**問 3.**　228 台以上
問 4.　[0.3978, 0.4978]

6章

問 1. $N(0, 1^2)$ の右側 10 ％点は 1.282. H_0 曲線の左側 10 ％点は 1566.4. 仮説 H_0 は棄却．
問 2. 分布の右側 5 ％点は $x_0 = 65.53$. 仮説 H_0 は採択．
問 3. 分布の右側 1 ％点は $x_0 = 9.481$. 仮説 H_0 は採択．　　**問 4.**　略

7章

問 1.
$$E(\chi^2) = \frac{1}{2\Gamma\left(\frac{k}{2}\right)} \int_0^\infty x \left(\frac{x}{2}\right)^{\frac{k}{2}-1} e^{-\frac{x}{2}} dx = \frac{1}{\Gamma\left(\frac{k}{2}\right)} \int_0^\infty \left(\frac{x}{2}\right)^{\frac{k}{2}} e^{-\frac{x}{2}} dx$$
$$= \frac{2}{\Gamma\left(\frac{k}{2}\right)} \int_0^\infty t^{\frac{k}{2}} e^{-t} dt \qquad \left(t = \frac{x}{2} \text{ とおく}\right)$$
$$= \frac{2}{\Gamma\left(\frac{k}{2}\right)} \Gamma\left(\frac{k}{2}+1\right) = k$$

問 2. （ヒント）
$$\int_0^\infty x^{\frac{m}{2}} \left(1 + \frac{m}{n}x\right)^{-\frac{m+n}{2}} dx \qquad \left(\text{put}: t = 1 + \frac{m}{n}x\right)$$
$$= \left(\frac{n}{m}\right)^{\frac{m}{2}+1} \int_1^\infty t^{-\frac{m+n}{2}} (t-1)^{\frac{m}{2}} dt = \left(\frac{n}{m}\right)^{\frac{m}{2}+1} \int_1^\infty t^{-\frac{n}{2}} \left(1 - \frac{1}{t}\right)^{\frac{m}{2}} dt$$
$$= \left(\frac{n}{m}\right)^{\frac{m}{2}+1} \int_1^0 y^{\frac{n}{2}} (1-y)^{\frac{m}{2}} \left(-\frac{1}{y^2}\right) dy \qquad \left(\text{put}: y = \frac{1}{t}\right)$$
$$= \left(\frac{n}{m}\right)^{\frac{m}{2}+1} \int_0^1 y^{\frac{n}{2}-2} (1-y)^{\frac{m}{2}} dy = \left(\frac{n}{m}\right)^{\frac{m}{2}+1} B\left(\frac{n}{2}-1, \frac{m}{2}+1\right).$$

ベータ関数をガンマ関数で表し，式 (7.16) の定数を掛けることにより，期待値が求まる．

8章

問 1. 11 個のデータのうち，プラスの符号は 9 個．$B\left(11, \frac{1}{2}\right)$ に対して，$P(X \geq 8) = 0.1133$，$P(X \geq 9) = 0.03271$．有意水準は $\alpha = 0.05$ なので，仮説は棄却．

問 2. データの中央値は 18，仮説を $H_0: m = 20$, $H_1: m < 20$ とおく．$B\left(18, \frac{1}{2}\right)$ に対して，$P(X \leq 5) = 0.04813$，$P(X \leq 6) = 0.1189$．データより $X = 5$ なので，仮説は棄却．

問 3. （ヒント）分布の対称性を利用する．U の取り得る値の最小値 $\frac{k(k+1)}{2}$ と最大値 $kl + \frac{k(k+1)}{2}$ の平均を求めよ．

問 4. A 群の中央値は 10，B 群の中央値は 7.5 なので，仮説を
$$H_0: m_1 - m_2 = 0, \quad H_1: m_1 > m_2$$
とおく．$U = 101$，分布の右側 5 ％の棄却域は $111 \leq U$ なので，仮説は採択．

問 5. 順位は，①，②，③，4，5，6，①，1，3，4，⑤，6，1，②，3，④，5，6，1，2，3，4，5，⑥ の 4 通りで，$P(6) = \frac{1}{16}$．

問 6. （ヒント）分布の対称性を利用する．T の取り得る値の最小値は 0，最大値は $\frac{n(n+1)}{2}$．

問 7. 旧・新ガソリンの走行距離の中央値をそれぞれ m_1, m_2 とし，$H_0: m_1 - m_2 = 0$, $H_1: m_1 - m_2 < 0$ とする．$T = 3$，棄却域は $T \leq 13$ なので，仮説は棄却．新ガソリンは走行距離を伸ばしたといえる．

問題の答

問題 1.1
問 1. (1) いえる　　(2) いえない　　(3) いえる　　(4) いえない

問 2. （例）付録の表 I, 10 番目の列の頭から 3 桁を選んだ. 600 以上はとばし, 同じ数が現れたときもとばす.

　　　326　518　317　321　254　　584　368　292　483　344
　　　　14　445　261　 36　350　　527　166　 41　599　 86

問 3. (1) 共に確率変数
　　　(2) 合否を決定するためだけに使うとすれば, 確率変数ではない. これらの結果を分析し, なんらかの結論を得ようとするときは確率変数と考える.

問題 1.2
問 1.〜問 4. すべて省略.

問題 1.3
問 1. 70 点

問 2. (1) X の値は省略. $\bar{x} = 3.443$, $s = 3.235$.

　　　(2) 第 1 四分位点はフィリピンの 0.5864, 中央値は 1.911, 第 3 四分位点はサウジアラビアの 6.023.
　　　　第 1 グループ：パキスタン, インド, インドネシア, ベトナム
　　　　第 2 グループ：フィリピン, 北朝鮮, 中国, トルコ, タイ
　　　　第 3 グループ：イラン, マレーシア, カザフスタン, 香港,
　　　　第 4 グループ：サウジアラビア, イスラエル, 韓国, 日本, アラブ首長国連邦

問 3. (1) 略
　　　(2) $\bar{x} = 62.24$, $s = 16.50$. 度数分布表からの計算は各自求めよ.
　　　(3) 略

問 4. 略

問 5. （ヒント）$s_u^2 = \dfrac{1}{n-1} \sum (u_i - \bar{u})^2$ を x_i, $\bar{x}$ を用いて表せ.

問題の答　177

問題 1.4

問 1. (1) 回帰直線は $\hat{y} = 64.07 + 0.5778(x - 171.6) = 0.5778x - 35.06$. 散布図は各自作成せよ．

(2) 回帰直線は $\hat{y} = 68.79 + 1.869(x - 63.86) = 1.869x - 50.56$.

問 2. (1) 身長：$\bar{x} = 171.6$, $s_x = 6.794$. 靴の大きさ：$\bar{y} = 26.69$, $s_y = 0.9304$.
$\sum(x_i - \bar{x})(y_i - \bar{y}) = 250.358$, $r = 0.7335$.

(2) 回帰直線：$\hat{y} = 26.69 + 0.1004(x - 171.6) = 0.1004x + 9.458$.

問 3. (1) 相関係数：$r_{xy} = 0.7790$, $r_{xz} = -0.2716$.
回帰直線：$\hat{y} = 21.74 + 0.5821(x - 14)$, $\hat{z} = 8.971 - 0.02143(x - 14)$.
$x = 18$ のとき，$\hat{y} = 24.07$, $\hat{z} = 8.885$. 散布図は略．

(2) 相関係数は $r_{zw} = -0.8105$, 回帰直線は $\hat{w} = 166.0 - 29.67(z - 8.971)$. 散布図は略．

問 4. (1), (2) 相関係数：$r = 0.3683$. 回帰直線：$\hat{y} = 42.44 + 0.8740(x - 30.89)$. 散布図は略．

問 5. $S(a, b, c) = 66a^2 + 18b^2 + 7c^2 + 36ac - 32a + 4b - 20c + 22$.
$\hat{y} = -\dfrac{34}{69}x^2 - \dfrac{1}{9}x + \dfrac{62}{23}$.

問題 2.1

問 1. （ヒント）5 組の夫婦のうちから 3 組の夫婦を選び，その各組のうち 1 人を選ぶ場合の数を考えよ．最初の答は $\dfrac{2}{3}$. 4 人の委員の場合は $\dfrac{8}{21}$.

問 2. (1) （ヒント）どのコインも 4 回目までに少なくとも 1 回裏が出ると同等．
$\dfrac{3375}{4096}$

(2) （ヒント）4 回目を投げることがない確率を求め，(1) から引く．$\dfrac{631}{4096}$

(3) $\dfrac{675}{4096}$

問 3. (1) $\dfrac{1}{8}$　(2) $\dfrac{1}{2}$　(3) $\dfrac{5}{8}$　(4) $\dfrac{1}{8}$

問 4. (1) $\dfrac{5}{13}$　(2) $\dfrac{4}{13}$

問 5. (1) 0.1681　(2) 0.7122

問題 2.2

問 1. (1) $\mu = \dfrac{5}{4}$, $\sigma = \dfrac{\sqrt{15}}{4}$　(2) 62.5 %

問 2. (1) $P(0) = P(1) = \dfrac{27}{64}$, $P(2) = \dfrac{9}{64}$, $P(3) = \dfrac{1}{64}$.

178　問　題　の　答

(2)　$\mu = \dfrac{3}{4}, \ \sigma = \dfrac{3}{4}.$

問 3. (1)　$2\mu_1 + \mu_2, \ 4\sigma_1^2 + \sigma_2^2$　(2)　$3\mu_1 - 2\mu_2 + 1, \ 9\sigma_1^2 + 4\sigma_2^2.$

問 4. (1)　$\mu = \dfrac{1}{2}, \ \sigma = \dfrac{\sqrt{3}}{6}.$　(2)　57.7 %

問 5. (1)　$a = \dfrac{3}{32}$　(2)　$\dfrac{11}{256}$　(3)　$E(X) = 0, \ V(X) = \dfrac{4}{5}.$

問題 3.1

問 1. (1)　$\dfrac{25}{216}$　(2)　$\dfrac{19}{144}$　(3)　$1 - \left\{ \left(\dfrac{5}{6}\right)^{n-1} \dfrac{5+n}{6} \right\}$　(4)　$n = 10$

問 2. (1)　$\dfrac{25569}{100000}$

(2)　$P(X \leqq 3) = 0.9295, \ P(X \leqq 2) = 0.7443$ より $a = 3.$

(3)　$E(X) = \dfrac{9}{5}, \ V(X) = \dfrac{63}{50}.$

問 3. (1)　0.7967　(2)　0.008846

問題 3.2

問 1. (1)　$P(X \leqq 55) = 0.2177,$ より　21.8 %

(2)　$P(68 \leqq X \leqq 72) = 0.1212,$ より　12.1 %　(3)　82.92 kg

問 2. (1)　0.6745σ　(2)　1.645σ　(3)　1.96σ　(4)　2.576σ

問 3. 5 年以下

問題 3.3

問 1. (1)　$\left(\dfrac{9}{10}\right)^{30} + 30 \dfrac{1}{10} \left(\dfrac{9}{10}\right)^{29} = \dfrac{39}{10} \left(\dfrac{9}{10}\right)^{29} = 0.1837.$

(2)　$N\left(3, \left(\sqrt{\dfrac{27}{10}}\right)^2\right)$ で近似する．$P(X \leqq 1.5) = 0.1814.$

問 2.　$np = 10, \ npq = 9.5$ より，$\widehat{P} \sim N\left(0.05, \left(\sqrt{0.05 \times \dfrac{0.95}{200}}\right)^2\right)$（近似）．

(1)　連続補正を用いて，$P(\widehat{P} \leqq 0.0425) = 0.3121.$

(2)　(1) と同様に連続補正を用いて，$P(\widehat{P} \geqq 0.0775) = 0.0375.$

問 3.　$np = 10$ より，$\widehat{P} \sim N(0.2, 0.05657^2)$（近似）．

(1)　$P\left(\widehat{P} \geqq 0.3 - \dfrac{0.5}{50}\right) = P(\widehat{P} \geqq 0.29) = 0.0559.$

(2) $P\left(\widehat{P} \leq 0.3 + \dfrac{0.5}{n}\right) \geq 0.98$ を満たす最小の n を求める. 標準正規分布の右側 2 % 点は 2.054 より, $\dfrac{0.3 + 0.5/n - 0.2}{2/(5\sqrt{n})} \geq 2.054$ を解くと, $n \geq 57.06$. したがって, 答は $n \geq 58$.

問題 3.4
問 1. (1) $\lambda = 6$ のポアソン分布で近似する. $P(X \leq 1) = 0.01735$.
(2) $P(3 \leq X \leq 4) = 0.2231$.
問 2. 度数分布表より, 平均は (上段から) 0.94, 1.0859, 0.92638. 理論値の計算は省略.

問題 4.1
問 1. (1) $E(X) = \mu$, $E(Y) = \mu$, $E(Z) = \mu - \dfrac{2}{5}$. 不偏推定量は X と Y.
(2) $V(X) = \dfrac{3}{8}\sigma^2$, $V(Y) = \dfrac{7}{18}\sigma^2$, $V(Z) = \dfrac{9}{25}\sigma^2$ (最小).

問 2. (1) $E(Y) = c_1 E(X_1) + c_2 E(X_2) + \cdots + c_n E(X_n) = (c_1 + c_2 + \cdots + c_n)\mu = \mu$
(2) $c_i = \dfrac{1}{n} + \delta_i$ とおくと, $\delta_1 + \delta_2 + \cdots + \delta_n = 0$.
$V(Y) = (c_1^2 + c_2^2 + \cdots + c_n^2)\sigma^2$ となる. ここで,
$c_1^2 + c_2^2 + \cdots + c_n^2 = \dfrac{1}{n} + \dfrac{2}{n}(\delta_1 + \delta_2 + \cdots + \delta_n) + \delta_1^2 + \cdots + \delta_n^2$
$= \dfrac{1}{n} + \delta_1^2 + \delta_2^2 + \cdots + \delta_n^2 \geq \dfrac{1}{n}$. よって, $V(Y)$ の最小値は $\dfrac{\sigma^2}{n}$.
等号成立は $\delta_1 = \delta_2 = \cdots = \delta_n = 0$ のときである.

問題 4.2
問 1. $\overline{X} \sim N\left(168, \left(\dfrac{22}{\sqrt{n}}\right)^2\right)$ を使う. (1) 0.8926 (2) 0.9768
(3) 0.1814
問 2. $\overline{X} \sim N\left(62, \left(\dfrac{18}{\sqrt{n}}\right)^2\right)$ (近似) を使う. (1) 0.1075 (2) $a = 64.7$
問 3. $T = \dfrac{\overline{X} - 5}{S}\sqrt{14}$ は自由度 13 の t 分布に従うことを使う. (1) 5 % 以上に落ちる. (2) 分布の右側 10 % 点と 15 % 点で線形補間を使う. 確率は 0.381.

問題 5.1
問 1. (1) $|\overline{X} - \mu| \leq 7.056$ となる確率は 95 %.

180　問　題　の　答

  (2) 推定値の誤差は 4.41．　　(3) [44.94, 59.06]

問 2. 正規分布の近似および大標本法を用いる．
  (1) [158.4, 170.0]
  (2) 95 % 信頼区間は 171.7 を含まないので，低いといえる．

問 3. $\nu = 12$ の t 分布を使う．
  (1) 90 % 信頼区間：[874.2, 905.8]，95 % 信頼区間：[870.7, 909.3]．
  (2) 907.2 g は 95 % 信頼区間に入るので，正しいといえる．

問題 5.2

問 1. 正規分布の近似，連続補正を用いる．また，大標本法により $\widehat{P} \sim N(p, 0.03992^2)$ を使う．答は [0.078, 0.222]．

問 2. 連続補正なしで正規分布の近似かつ大標本法を用いる．$\widehat{P} \sim N(p, 0.03478^2)$ より，答は [0.1943, 0.3307]．

問題 6.2

問 1. $H_0 : \mu = 20$, $H_1 : \mu \neq 20$ とする．$n = 50$ のとき，左側 2.5 % 点は 18.61．H_0 は採択．$n = 100$ のとき，左側 2.5 % 点は 19.02．H_0 は棄却．

問 2. 仮説 H_0 の下で，$\overline{X} \sim N(\mu, 0.4^2)$．$P(Z \leq z_0) = 0.1151$ を満たす z_0 は -1.2 なので，H_0 曲線の左側 11.51 % 点は，6.52．このとき，第 2 種の過誤をおかす確率は，H_1 曲線より $P(\overline{X} \geq 6.52) = 0.0968$．

問 3. $H_0 : \mu = 4380$, $H_1 : \mu > 4380$ とおき，$\overline{X} \sim N(4380, 30.22^2)$（正規近似）を使う．
  (1) 棄却域の境界点 $x_0 = 4429.7$ より，H_0 は棄却．
  (2) $x_0 = 4450.3$ より，H_0 は採択．

問 4. $\bar{x} = 22.3$, $s = 3.435$, $T = \dfrac{\overline{X} - 24}{S}\sqrt{20}$ は自由度 19 の t 分布に従う．
  (1) 棄却域の境界点 $t_0 = -1.729$, T の実現値は -2.213．H_0 は棄却．
  (2) $t_0 = -2.093$．H_0 は棄却．

問 5. 両側検定とすると，$t_0 = -2.11$, T の実現値は -1.780 だから，採択．片側検定のとき，$t_0 = -1.74$, だから棄却．

問題 6.3

問 1. $H_0 : p = \dfrac{1}{6}$, $H_1 : p > \dfrac{1}{6}$ に対して，$\widehat{P} \sim N\left(\dfrac{1}{6}, 0.01964^2\right)$（近似）を連続補正なしで使う．右側 5 % 点は $p_0 = 0.199$, より H_0 は棄却（1 の目は出やすい）．

問 2. $H_0 : p = 0.292$, $H_1 : p > 0.292$ に対して，$\widehat{P} \sim N(0.292, 0.06131^2)$（近

似) を連続補正を用いて使う．右側 5 % 点は $p_0 = 0.4019$，より H_0 は採択．

問 3. (1)，(2) 共に連続補正なしの正規分布で近似する．

(1) $H_0 : p = \dfrac{3}{4}$, $H_1 : p \neq \dfrac{3}{4}$ に対して，H_0 曲線の左側 2.5 % 点は
$p_0 = 0.7401$．H_0 は採択．

(2) (1) と同じ仮説で，H_0 曲線の左側 2.5 % 点は $p_0 = 0.724$．H_0 は採択

問題 6.4

問 1. $H_0 : \mu_1 = \mu_2$, $H_1 : \mu_1 \neq \mu_2$ とおく．H_0 の下で（大標本法より），$\overline{X}_1 - \overline{X}_2 \sim N(0, 2.2967^2)$．$H_0$ 曲線の右側 2.5 % 点は $x_0 = 4.502$ なので，H_0 は採択．（片側検定でも採択）

問 2. $H_0 : \mu_1 = \mu_2$, $H_1 : \mu_1 > \mu_2$ とおく．正規近似，大標本法を用いる．$\overline{X}_1 - \overline{X}_2 \sim N(0, 13.04^2)$ より，H_0 曲線の右側 5 % 点は 21.45 なので，H_0 は棄却．（両側検定でも棄却）

問 3. $H_0 : \mu_1 = \mu_2$, $H_1 : \mu_1 < \mu_2$ とおく．式 (6.5) の T 変数は，自由度 28 の t 分布に従うことを利用する．分布の左側 5 % 点は $t_0 = -1.701$，データから T の値は -2.428 なので，H_0 は棄却．（両側検定でも棄却）

問 4. (1) $\bar{x} = 2.991$, $s = 2.411$.

(2) $H_1 : \mu > 0$ とおく．$\nu = 10$ の t 分布の右側 5 % 点は $t_0 = 1.812$，データより T の値は 4.114．よって，H_0 は棄却．

(3) $H_1 : \mu \neq 4$ とおく．$t_0 = -2.228$，データより T の値は -1.388．よって，H_0 は採択．

問題 6.5

問 1. A，B による生存率をそれぞれ p_1, p_2 とする．大標本であり，A，B の両グループは，式 (3.10), (3.11) を共に満たしているので正規分布の近似を使う（連続補正なし）．
$H_0 : p_1 = p_2$, $H_1 : p_1 > p_2$ とおくと，p の推定値は式 (6.11) より，0.1796．$\widehat{P}_1 - \widehat{P}_2$ は正規分布 $N(0, 0.02657^2)$ に従う．分布の右側 5 % 点は 0.0437，データより $\hat{p}_1 - \hat{p}_2 = 0.074$．$H_0$ は棄却（有意な差がある）．

問 2. $H_0 : p_1 = p_2$, $H_1 : p_1 \neq p_2$ とおくと，p の推定値は式 (6.11) より，0.2219．$\widehat{P}_1 - \widehat{P}_2$ は正規分布 $N(0, 0.04751^2)$ で近似できる（連続補正必要）．分布の右側 2.5 % 点は 0.09639，データより $\hat{p}_1 - \hat{p}_2 = 0.019$．$H_0$ は採択．

問題 7.1

問 1. 期待度数を入れた表は**解表 7.1** のようになる．

仮説 $H_0 : p_1 = 0.18$, $p_2 = 0.22$, $p_3 = 0.2$, $p_4 = 0.24$, $p_5 = 0.16$

解表 7.1

年代	20	30	40	50	60	計
事故件数 O_i	34	21	20	23	26	124
期待度数 e_i	22.3	27.3	24.8	29.8	19.8	124

変数 χ^2 は自由度 4 の χ^2 分布に従う. 解表 7.1 から χ^2 の値は 12.01. 仮説は棄却.

問 2. $H_0 : p_1 = 0.387,\ p_2 = 0.222,\ p_3 = 0.099,\ p_4 = 0.292$

χ^2 は自由度 3 の χ^2 分布に従う. データと期待度数から χ^2 の値は 9.617. 仮説は棄却.

問 3. 仮説は "ポアソン分布に従う" であるが, 期待度数に 10 以下の数があるので, **解表 7.2** のように表を作り直す. この表から χ^2 の値は 3.480. 仮説は採択.

解表 7.2

X	0	1	2	3	4	5 以上	計
f_k	83	134	135	101	40	23	516
Poisson	75	144.5	139.4	89.7	43.3	24.1	516

問題 7.2

問 1. 仮説 H_0：利き手と視力の方向感度は無関係 の下で, 期待度数は**解表 7.3** のようになる. 表 7.12 と期待度数の表から, χ^2 の値は 3.5, 一方自由度 4 の χ^2 分布の右側 5 % 点は 9.488. 仮説は採択.

解表 7.3

利き手 \ 視力	左方視	両方視	右方視
左手	35	59	30
両手	22	35	18
右手	61	101	52

問 2. H_0：学歴と結婚に対する適応性は独立である として, 表 7.13 から期待度数の表を作ると, 2 箇所で 10 未満の値が出るので, B_1 と B_2 を合体して表を作り直す (**解表 7.4**, かっこ内の数は期待度数).

解表 7.4 から, χ^2 の値は 17.57, 一方自由度 4 の χ^2 分布の右側 5 % 点は 9.488. 仮説は棄却.

解表 7.4

適応性 学歴	$B_1 \cup B_2$	B_3	B_4	計
大学卒	47 (66)	70 (64)	115 (102)	232
高校卒	45 (33)	30 (32)	41 (51)	116
小・中学卒	21 (15)	11 (14)	20 (23)	52
計	113	111	176	400

(期待度数は整数にしてあるが，小数点以下 1 桁までの数にしたほうが正確)

問題 7.3

問 1. A，B 社のデータの平均と標準偏差の計算は読者に任せる．

(1) $H_0 : \sigma_1^2 = \sigma_2^2$, $H_1 : \sigma_1^2 \neq \sigma_2^2$ とする．$F = \dfrac{S_x^2}{S_y^2}$ は自由度 $(4, 3)$ の F 分布に従う．分布の右側 2.5 ％点は 15.101，データから F の値は 3.427．よって，仮説は採択．

(2) $H_0 : \mu_1 = \mu_2$, $H_1 : \mu_1 \neq \mu_2$ とする．$T = \dfrac{\overline{X}_1 - \overline{X}_2}{\sqrt{4S_x^2 + 3S_y^2}}\sqrt{\dfrac{5 \cdot 4 \cdot 7}{9}}$

は自由度 7 の t 分布に従う．分布の右側 2.5 ％点は 2.365，データより T の値は 0.4295．よって，仮説は採択．

問 2. (1) $H_0 : \sigma_1^2 = \sigma_2^2$, $H_1 : \sigma_1^2 \neq \sigma_2^2$ とする．自由度 $(10, 15)$ の F 分布の右側 2.5 ％点は 3.06．一方，データより F の値は 2.394．よって，仮説は採択．

(2) $H_0 : \mu_1 = \mu_2$, $H_1 : \mu_1 < \mu_2$ とする．データより，T の値は -2.836．一方，t 分布の左側 1 ％点は -2.485 なので，仮説は棄却．

索　引

【あ行】

一様分布　64
ウィルコクソンの順位和
　検定　152
ウェルチの t 検定　147
重みつき平均　21

【か】

回　帰　24
回帰直線　32
階　級　6
階級値　10
カイ2乗分布　132
確　率　39
　——の木　50
確率分布　54
確率変数　4
確率密度関数　59
仮　説　110
仮説検定　111
片側検定　116
加法定理　43
完全相関　28
ガンマ関数　97

【き】

幾何学的確率　42
棄　却　111
棄却域　112
記述統計学　4
期待値　54, 61
期待度数　134, 139
帰無仮説　115
共分散　26

【く】

空事象　38
区間推定　99
組合せ　47

【け】

経験的確率　42
決定係数　36
ケトレー　1
検　定　110

【こ】

ゴセット　81
個　体　2
根元事象　37

【さ】

最小2乗直線　32
最小2乗法　31
再生性の定理　90
採　択　111
算術的確率　41
散布図　25

【し】

試　行　37
事　象　37
四分位範囲　22
自由度　96
順位和　153
順　列　47
条件つき確率　44
小標本　103, 149
乗法定理　45

【す】

推測統計学　4
推定値の誤差　101
スチューデント　81
　——の t 変数　96

【せ】

正規確率紙　15
正規近似　94, 108
正規分布　70
　——の近似　79
正規母集団　93
正の相関　28
積事象　38
線形補間　74
全事象　37

【そ】

相　関　24
相関係数　27
相関図　25
相対度数　9

【た】

対応のある場合の検定　127
対応のない場合の検定　127
対数正規確率紙　15
大標本法　103, 108, 129
対立仮説　110
第1種の過誤　112
第2種の過誤　112
単一事象　37

索　引

【ち〜て】

中央値	22, 149
――の検定	149
中心極限定理	90
対標本モデル	155
定性的変数	6
適合度の検定	134
データ	1
点推定	99

【と】

統計学	2
統計的方法	4
同時確率密度関数	62
等分散の検定	143
独立	45, 56
独立試行	65
独立事象の乗法定理	45
独立性の検定	140
度数分布表	6

【に, の】

二項係数	48
二項分布	67
二項変数	66
二項母集団	66
ノンパラメトリックな方法	149

【は】

| 排反 | 39 |
| 範囲 | 17 |

【ひ】

| ピアソン | 1 |

【F, H】

| F 分布 | 143 |
| H_0 曲線 | 112 |

ヒストグラム	6
標準化の公式	72
標準正規分布	71
標準偏差	18, 54, 61
標本	87
――の大きさ	2
標本空間	37
標本点	37
標本標準偏差	96
標本分散	87
標本平均	87

【ふ】

フィッシャー	1
――の直接計算法	142
複合事象	37
符号検定	151
符号つき順位和	156
負の相関	28
不偏推定量	87
分割表	138
分散	18, 54, 61
分布関数	59

【へ】

平均	16, 54
ベイズの公式	49
ベータ関数	144
ベルヌーイ試行	65
偏差値	63
ベン図	38
変数	2

【ほ】

| ポアソン分布 | 80 |
| 母集団 | 2 |

| H_1 曲線 | 112 |

【数字】

| 2 変数データ | 24 |

母数	86
母分散	86
母平均	86
――の差の検定	123

【ま行】

マン・ホイットニー検定	152
無作為抽出	2
無作為標本	87
無相関	28
モード	21

【ゆ, よ】

有意水準	114
有意である	115
有意でない	115
有効推定量	92
有効数字	30
余事象	38

【ら行】

乱数表	3
離散型確率変数	53
離散型変数	6
両側検定	116
累積度数折れ線グラフ	10
連続型確率変数	59
連続型変数	6
連続補正	77

【わ】

| 和事象 | 38 |
| 割合の差の検定 | 129 |

| 3 つの事象が独立 | 51 |
| 95 % 信頼区間 | 101 |

―― 著者略歴 ――

大橋　常道（おおはし　つねみち）
1969年　東京理科大学理学部応用数学科卒業
1972年　東京理科大学大学院修士課程修了
　　　　（数学専攻）
1976年　青山学院大学情報科学研究所助手
1980年　北里大学講師（教養部）
2004年　北里大学教授（一般教育部）
2012年　北里大学退職

山下　登茂紀（やました　ともき）
1998年　神戸大学理学部数学科卒業
2001年　神戸大学大学院博士前期課程修了
　　　　（数学専攻）
2004年　神戸大学大学院博士後期課程修了
　　　　（構造科学専攻）
　　　　博士（理学）
2004年　慶應義塾大学理工学部COE博士研
　　　　究員
2005年　朝日大学講師（歯学部）
2008年　北里大学講師（一般教育部）
2011年　近畿大学講師（理工学部）
2015年　近畿大学准教授（理工学部）
2022年　近畿大学教授（理工学部）
　　　　現在に至る

谷口　哲也（たにぐち　てつや）
1992年　東京理科大学理学部第一部物理学科
　　　　卒業
1994年　東北大学大学院博士前期課程修了
　　　　（数学専攻）
1999年　東北大学大学院博士後期課程修了
　　　　（数学専攻）
　　　　博士（理学）
2003年　東北大学大学院理学研究科数学専攻
　　　　COEフェロー
2004年　北里大学講師（一般教育部）
2010年　北里大学准教授（一般教育部）
2015年　日本大学准教授（医学部）
　　　　現在に至る

初学者にやさしい統計学
Statistics ― A Kind Introduction for Beginners ―

ⓒ Ohashi, Taniguchi, Yamashita 2010

2010年 4 月16日　初版第 1 刷発行
2023年12月 5 日　初版第10刷発行

	著　者	大　橋　　常　道
検印省略		谷　口　　哲　也
		山　下　登茂紀
	発行者	株式会社　コロナ社
		代表者　牛来真也
	印刷所	三美印刷株式会社
	製本所	有限会社　愛千製本所

112-0011　東京都文京区千石 4-46-10
発行所　株式会社　コロナ社
CORONA PUBLISHING CO., LTD.
Tokyo Japan
振替 00140-8-14844・電話(03)3941-3131(代)
ホームページ　https://www.coronasha.co.jp

ISBN 978-4-339-06090-4　C3041　Printed in Japan　　（金）

〈出版者著作権管理機構　委託出版物〉
本書の無断複製は著作権法上での例外を除き禁じられています。複製される場合は、そのつど事前に、出版者著作権管理機構（電話 03-5244-5088, FAX 03-5244-5089, e-mail: info@jcopy.or.jp）の許諾を得てください。

本書のコピー，スキャン，デジタル化等の無断複製・転載は著作権法上での例外を除き禁じられています。購入者以外の第三者による本書の電子データ化及び電子書籍化は，いかなる場合も認めていません。
落丁・乱丁はお取替えいたします。